Ulrich Dilthey · Annette Brandenburg

Schweißtechnische Fertigungsverfahren Band 3

Springer-Verlag Berlin Heidelberg GmbH

Ulrich Dilthey
Annette Brandenburg

Schweißtechnische Fertigungsverfahren Band 3

Gestaltung und Festigkeit
von Schweißkonstruktionen

2. überarbeitete Auflage

Mit 50 Abbildungen

 Springer

Professor Dr.-Ing. Ulrich Dilthey
Dr.-Ing. Annette Brandenburg
Rheinisch-Westfälische TH Aachen
Institut für Schweißtechnische Fertigungsverfahren
Pontstraße 49
D-52062 Aachen
e-mails: di@isf.rwth-aachen.de
br@isf.rwth-aachen.de

ISBN 978-3-540-62661-9

Die Deutsche Bibliothek – CIP-Einheitsaufnahme

Dilthey, Ulrich:
Schweißtechnische Fertigungsverfahren / Ulrich Dilthey. – Berlin ; Heidelberg ; New York ;
Barcelona ; Hongkong ; London ; Mailand ; Paris ; Tokio : Springer
    (Studium und Praxis)
    Früher u. d. T.: Eichhorn, Friedrich: Schweißtechnische Fertigungsverfahren
Bd. 3. Gestaltung und Festigkeit von Schweißkonstruktionen / Annette
Brandenburg. – 2. Aufl. – 2002
    ISBN 978-3-540-62661-9   ISBN 978-3-642-56125-2 (eBook)
    DOI 10.1007/978-3-642-56125-2

Dieses Werk ist urheberrechtlich geschützt. Die dadurch begründeten Rechte, insbesondere die der Übersetzung, des Nachdrucks, des Vortrags, der Entnahme von Abbildungen und Tabellen, der Funksendung, der Mikroverfilmung oder der Vervielfältigung auf anderen Wegen und der Speicherung in Datenverarbeitungsanlagen, bleiben, auch bei nur auszugsweiser Verwertung, vorbehalten. Eine Vervielfältigung dieses Werkes oder von Teilen dieses Werkes ist auch im Einzelfall nur in den Grenzen der gesetzlichen Bestimmungen des Urheberrechtsgesetzes der Bundesrepublik Deutschland vom 9. September 1965 in der jeweils geltenden Fassung zulässig. Sie ist grundsätzlich vergütungspflichtig. Zuwiderhandlungen unterliegen den Strafbestimmungen des Urheberrechtsgesetzes.

© Springer-Verlag Berlin Heidelberg 2002
Ursprünglich erschienen bei Springer-Verlag Berlin Heidelberg New York 2002

Die Wiedergabe von Gebrauchsnamen, Handelsnamen, Warenbezeichnungen usw. in diesem Buch berechtigt auch ohne besondere Kennzeichnung nicht zu der Annahme, daß solche Namen im Sinne der Warenzeichen- und Markenschutz-Gesetzgebung als frei zu betrachten wären und daher von jedermann benutzt werden dürften.

Sollte in diesem Werk direkt oder indirekt auf Gesetze, Vorschriften oder Richtlinien (z. B. DIN, VDI, VDE) Bezug genommen oder aus ihnen zitiert worden sein, so kann der Verlag keine Gewähr für Richtigkeit, Vollständigkeit oder Aktualität übernehmen. Es empfiehlt sich, gegebenenfalls für die eigenen Arbeiten die vollständigen Vorschriften oder Richtlinien in der jeweils gültigen Fassung hinzuzuziehen.

Einbandentwurf: Atelier Struve & Partner, Heidelberg
Datenkonvertierung: Fotosatz-Service Köhler GmbH, Würzburg

Gedruckt auf säurefreiem Papier   SPIN: 10572392   68/3020/kka – 5 4 3 2 1 0

Vorwort zum Band 3

Gestaltung und Festigkeit von Schweißkonstruktionen

Mit dem vorliegenden dritten Band wird die Reihe „Schweißtechnische Fertigungsverfahren" abgeschlossen.

Neben der Wahl des geeigneten Schweißverfahrens (Schweißtechnische Fertigungsverfahren, Band 1) und der Wahl eines geeigneten Werkstoffs (Schweißtechnische Fertigungsverfahren, Band 2) ist die beanspruchungsgerechte Gestaltung des Bauteils die Voraussetzung für die Erstellung einer Schweißkonstruktion. Die Gestaltung einer geschweißten Konstruktion ist die konstruktive und schweißgerechte Auslegung. Das Verhalten der Konstruktion unter Last wird als Festigkeit bezeichnet.

Der Ingenieur hat bei der Planung einer geschweißten Konstruktion die Aufgabe, die Gestalt und Festigkeit in Abhängigkeit von der Bauteilfunktion zu bestimmen. Dabei muss das Bauteil werkstoffgerecht und schweißgerecht sowie im Hinblick auf die Festigkeit der geschweißten Konstruktion und auf die schweißtechnische Fertigung gestaltet werden. Dies muss zudem unter der Beachtung von Vorschriften, Normen und Regelwerken erfolgen.

Dieses Buch soll die komplexen Zusammenhänge bei der Planung von Schweißkonstruktionen verdeutlichen und erklären, unterstützt durch Gestaltungsbeispiele und Übungen zur Festigkeitsberechnung und Dimensionierung von einfachen, geschweißten Bauteilen.

Einige Aspekte, die einen wesentlichen Einfluss auf die Gestaltung und Festigkeit von Schweißkonstruktionen haben, z.B. die Auswahl der Werkstoffe und der Schweißverfahren, werden in den beiden anderen Bänden „Schweißtechnische Fertigungsverfahren 1 und 2" behandelt und sind deshalb im vorliegenden Buch nicht ausführlich dargestellt. Zur Vertiefung der jeweiligen Themen wird an entsprechenden Stellen auf diese Bände verwiesen.

Aachen, im November 2001
Ulrich Dilthey
Annette Brandenburg

Inhalt

1	**Einführung**	**1**
1.1	Schweißen – ein Fertigungsverfahren	1
1.2	Schweißen im Vergleich zu anderen Fügeverfahren	2
2	**Grundlagen der schweißtechnischen Gestaltung**	**5**
2.1	Gestaltungsgrundsätze	5
2.2	Schweißgerechte Gestaltung	13
2.3	Werkstoffgerechte Gestaltung	16
2.4	Beanspruchungsgerechte Gestaltung	19
	2.4.1 Statische Belastung	20
	2.4.2 Dynamische Belastung	22
	2.4.3 Schweißnähte	30
2.5	Fertigungsgerechte Gestaltung	32
	2.5.1 Nahtvorbereitung, Nahtzugänglichkeit, Nahtausführbarkeit	33
	2.5.2 Schweißtechnische Konstruktion mit Halbzeugen	34
	2.5.3 Schweißverfahren	35
	2.5.4 Schweißfolgeplan	35
3	**Festigkeit von Schweißkonstruktionen**	**38**
3.1	Festigkeitshypothesen	39
	3.1.1 Normalspannungshypothese	39
	3.1.2 Schubspannungshypothese	40
	3.1.3 Gestaltänderungshypothese	42
3.2	Stabilitätsprobleme	44
	3.2.1 Knicken	45
	3.2.2 Kippen	47
	3.2.3 Beulen	47
3.3	Unzulässige Verformung	47

3.4 Brucharten	49
3.4.1 Gewaltbruch	49
3.4.2 Zeitstandbruch	49
3.4.3 Sprödbruch	50
3.4.4 Terrassenbruch	51
3.4.5 Dauerbruch	52
3.5 Korrosion	54
3.6 Verschleiß	56
4 Übersicht zur Berechnung von Schweißkonstruktionen	**58**
4.1 Vorschriften, Normen, Regelwerke	58
4.2 Nachweise und allgemeine Vorgehensweise bei der Berechnung	59
4.3 Übersicht zur Berechnung statisch belasteter Konstruktionen	60
4.3.1 Tragsicherheitsnachweis	60
4.3.2 Anschlussquerschnitte	63
4.3.3 Schweißnahtspannungen	64
4.3.4 Grenzschweißnahtspannungen	67
4.4 Übersicht zur Berechnung dynamisch belasteter Konstruktionen	68
4.4.1 Allgemeiner Spannungsnachweis	69
4.4.2 Betriebsfestigkeitsnachweis	69
5 Rechenbeispiele	**71**
Auszüge aus DIN 18 800, Teil 1 Stahlblüten, Bemessung und Konstruktion [2]	**78**
Schrifttum	**137**
Sachwörterverzeichnis	**138**

1 Einführung

1.1 Schweißen – ein Fertigungsverfahren

Schweißen gehört nach DIN 8580 zu den Fertigungsverfahren und wird nach DIN 8593 der Hauptgruppe Fügen zugeordnet, Bild 1-1. Neben den Verfahren Kleben und Löten gehört es zu den stoffschlüssigen Verbindungsarten, Bild 1-2. Der Stoffschluss kann beim Schweißen entweder durch Schmelzschweißen bei örtlich begrenztem Schmelzfluss mit oder ohne Schweißzusatz oder aber durch Pressschweißen unter Anwendung von Kraft bei örtlich begrenztem Erwärmen erfolgen. Daher wird beim Fügen durch Schweißen zwischen Schmelz-Verbindungsschweißen und Press-Verbindungsschweißen unterschieden.

Lösbar ist die Verbindung nur durch Schädigung oder Zerstörung der Fügeteile.

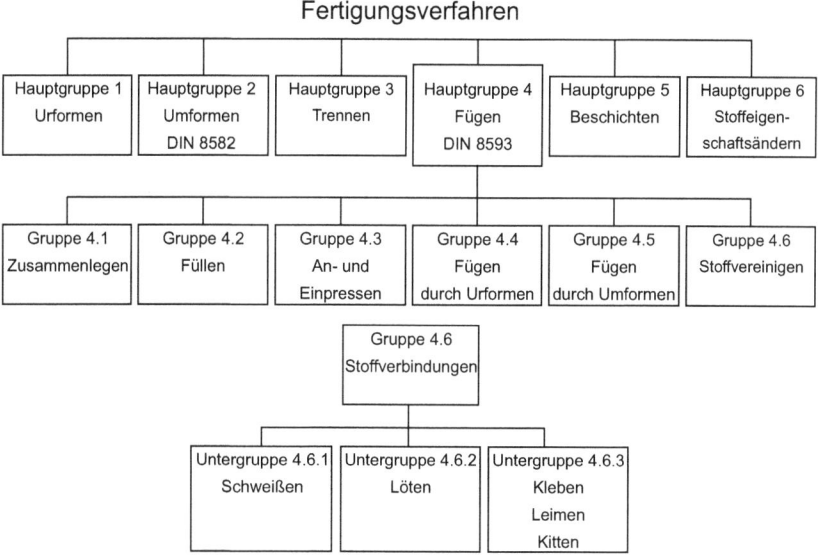

Bild 1-1. Einordnung des Schweißens in die Fertigungsverfahren nach DIN 8580 und DIN 8593.

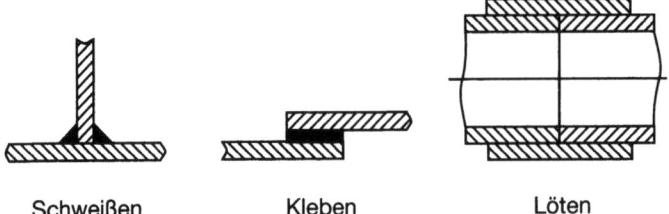

Schweißen   Kleben   Löten

Bild 1-2. Stoffschlüssige Fügeverfahren.

1.2 Schweißen im Vergleich zu anderen Fügeverfahren

Neben der Gruppe der stoffschlüssigen Verbindungsarten werden zudem noch kraftschlüssige und formschlüssige Fügeverfahren unterschieden.

Werden die stoffschlüssigen Fügeverfahren Schweißen, Kleben und Löten miteinander verglichen, dann lassen sich einige Vorteile der Verfahren Kleben und Löten aufzeigen. Bedingt durch die geringe Wärmeeinbringung werden die Fügeteilwerkstoffe beim Kleben und Löten im allgemeinen geringer beeinflusst (mit Ausnahme des Hochtemperaturlötens) und es entsteht kein Bauteilverzug.

Unterschiedliche Werkstoffkombinationen können vor allem durch den Einsatz der Klebtechnik miteinander gefügt werden. Weiterhin ist es möglich, durch Kleben und Löten großflächige Verbindungen herzustellen. Dadurch können Spalte vermieden werden und damit die Entstehung von Spaltkorrosion.

Daneben gibt es auch zahlreiche Nachteile: Geringere Festigkeiten, höhere Fügeteilüberlappungen und geringere Temperaturfestigkeiten sind nur einige der Nachteile, die bei der Fertigung von Bauteilen häufig gegen den Einsatz der Kleb- oder Löttechnik, aber für die schweißtechnische Fertigung sprechen. Ein weiterer Nachteil ist, dass die Fügeteiloberflächen für das Kleben oder Löten fast immer einer zusätzlichen Oberflächenvorbehandlung oder -nachbehandlung bedürfen.

Tabelle 1-1 zeigt zusammenfassend die wesentlichen Merkmale der stoffschlüssigen Verbindungsverfahren im Vergleich.

Kraftschlüssige Verbindungsarten sind z. B. Nieten, Schrauben und Verkeilen, Bild 1-3. Nietkonstruktionen wurden früher häufig für Stahlbauten wie Brücken, Hallen und Türme eingesetzt. Gegenüber einer Schweißkonstruktionen besitzt die Nietkonstruktion den Vorteil einer besseren Prüfbarkeit und damit einer höheren Sicherheit der Konstruktion. Nietverbindungen sind mit einer hohen Reproduzierbarkeit herzustellen und nach erfolgter

1.2 Schweißen im Vergleich zu anderen Fügeverfahren

Tabelle 1-1. Vergleich der stoffschlüssigen Fügeverfahren.

Merkmale	Schweißen	Weich- und Hartlöten	Kleben
Werkstoffvielfalt	gering	gering	sehr hoch
Gestaltungsvielfalt	sehr hoch	hoch	hoch
Belastungsvielfalt	sehr hoch	mittel	mittel
Stat. Tragverhalten	sehr gut	gut	gut
Dyn. Tragverhalten	mittel	gut	gut
Warmfestigkeit	sehr hoch	mittel	mittel
Gewicht, Raumbedarf	niedrig	groß	groß
Dämpfung	mittel	mittel	gut
Lösbarkeit	keine	bedingt	bedingt
Betriebssicherheit	sehr gut	gut	mittel
Herstellungskosten	niedrig	hoch	hoch

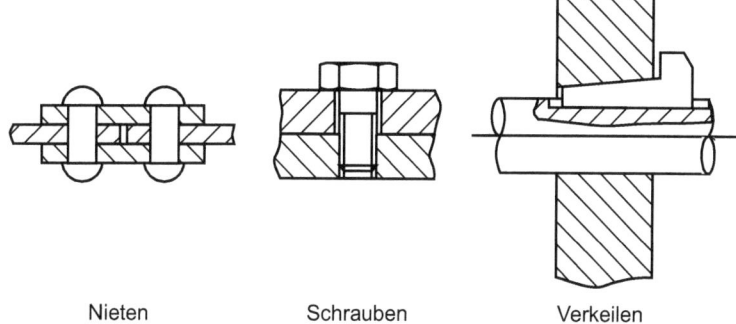

Bild 1-3. Kraftschlüssige Fügeverfahren.

Verbindung liegt im Vergleich zur Schweißverbindung in der Regel ein wesentlich günstigerer Eigenspannungszustand vor, es entsteht kein Bauteilverzug und der Fügeteilwerkstoff wird metallurgisch nicht beeinflusst. Es sind nahezu alle Werkstoff- und Materialkombinationen bezüglich Fügeteil und Niet möglich und durch die freie Wahl des Nietwerkstoffs lässt sich eine gute Zähigkeit des Bauteils erreichen.

Durch die fertigungsbedingte Fügeteilüberlappung besitzen Nietkonstruktionen in der Regel jedoch ein höheres Gewicht als geschweißte Konstruktionen. Die Fügeteilüberlappung führt ebenfalls im Vergleich zu einem geschweißten Stumpfstoß zu einem ungünstigeren Kraftflussverlauf. Weitere Nachteile, die sich aus der Fertigung ergeben, sind eine geringere gestalterische Freiheit sowie die Notwendigkeit der Zugänglichkeit beider Fügeteilseiten (mit Ausnahme der Blindniet-Technik).

Falzen Verlappen Durchsetzfügen

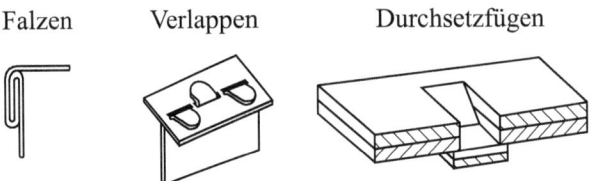

Bild 1-4. Formschlüssige Fügeverfahren.

Zu den formschlüssigen Verbindungsverfahren gehören Falzen, Verlappen und Durchsetzfügen, Bild 1-4. Diese Fügeverfahren sind jedoch, besonders im Hinblick auf hochbelastete Konstruktionen wie beispielsweise Brücken, Krane oder Druckbehälter, keine Alternative zu geschweißten Konstruktionen.

2 Grundlagen der schweißtechnischen Gestaltung

2.1 Gestaltungsgrundsätze

Zur Gestaltung und Konstruktion geschweißter Bauteile können die folgenden Gestaltungsgrundsätze aufgestellt werden:

– Anzahl der Schweißnähte minimieren

Schweißen gehört wegen der großen Fehlermöglichkeiten, des großen Prüfaufwandes und der meist aufwendigen Schweißnahtvorbereitung und Nachbehandlung zu den kostenintensiveren Fügeverfahren. Deshalb ist bei jeder Konstruktion eine Minimierung der Schweißnähte anzustreben.

Am Beispiel eines Biegeträgers sind die Gesichtspunkte der Schweißnahtminimierung dargestellt, Bild 2-1. Möglichkeit (a) ist aus schweißtechnischer Sicht gesehen eine optimale Lösung. (b) und (c) unterscheiden sich vor allem durch die Nahtvorbereitung. Bei Möglichkeit (b) kann sie entfallen, bei (c) ist sie sehr aufwendig. Bei beiden Konstruktionen liegen die Schweißnähte jedoch im Bereich höchster Beanspruchungen. Die Lage der Naht ist bei (d) sehr günstig gewählt, da sie im Bereich der statischen Nullinie liegt. Jedoch kann es beim Schweißen der Einzelnaht zu einem Verzug des Trägers kommen. Eine sehr gute Lösung ist Möglichkeit (e). Die Nähte liegen im Bereich der statischen Nullinie, der Verzug ist minimal und die Verwendung von genormten Profilen ist wirtschaftlich.

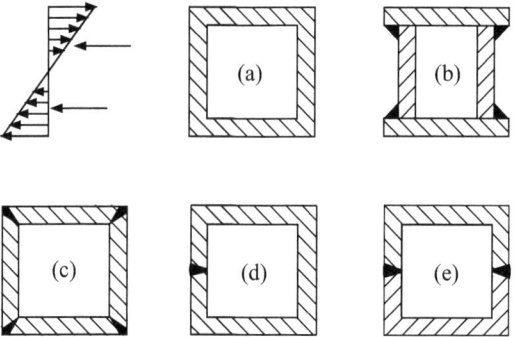

Bild 2-1. Biegeträger als Hohlkastenprofil.

6 2 Grundlagen der schweißtechnischen Gestaltung

Eine Schweißnahtminimierung kann auch durch den Einsatz von Schmiede- und Stahlgussteilen erzielt werden. Einfache Bauteilgeometrien können häufig günstiger als Gussteil statt als geschweißte Konstruktion ausgeführt werden. Durch rechnergestützte Konstruktion können optimale Geometrien hinsichtlich Kraftverlauf und Werkstoff geschaffen werden, die wirtschaftlich nur durch Gießen herstellbar sind [2-1]. Vorteile gegossener Bauteile sind auch die guten Dämpfungseigenschaften und eine gute Korrosionsbeständigkeit. Für die Fertigung hoher Stückzahlen können wesentlich geringere Herstellkosten erreicht werden. Bei geometrisch aufwendigeren Bauteilen und Konstruktionen wird die Herstellung einer Gusskonstruktion jedoch unwirtschaftlich oder sogar unmöglich.

Bild 2-2 zeigt ein Beispiel für eine erfolgreiche Minimierung von Schweißnähten durch den Einsatz eines Gussteils. Bei der Konstruktion von Offshore-Bohrinseln wurden die Bereiche, in denen mehrere Rohre stern-, K- oder Y-förmig zusammenstoßen, durch Stahlgussknoten ersetzt, an denen die Rohre durch einfache Rundnähte angeschlossen werden, Bild 2-3. Neben dem Vorteil der Schweißnahtminimierung bietet diese Gestaltungsmöglichkeit weiterhin den Vorteil, dass der Kraftfluss in der Konstruktion

Bild 2-2. Einteilig aus Stahl gegossener Knoten für ein Offshore-Bauwerk [1].

2.1 Gestaltungsgrundsätze

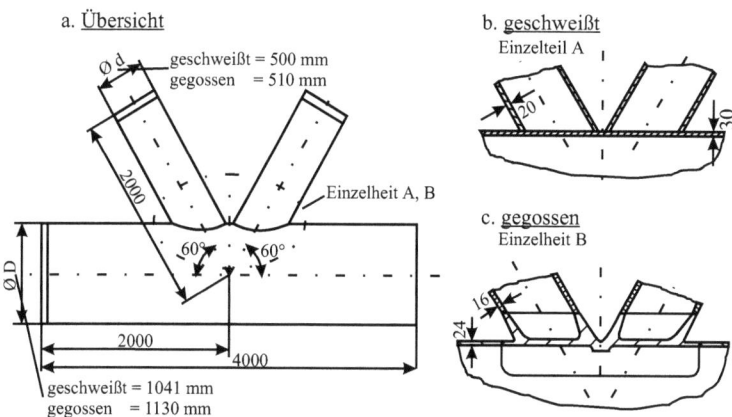

Bild 2-3. Gegossener und geschweißter Knoten im Vergleich [1].

und somit die Festigkeitseigenschaften, insbesondere die Dauerfestigkeit, verbessert wird. Der Stahlgusseinsatz erzeugt einen günstigen Übergangsquerschnitt, die Schweißnähte können in niedriger beanspruchte Bereiche verlagert werden [1].

- Nahtanhäufungen und Nahtkreuzungen vermeiden

Da beim Schweißen infolge von Schrumpfungen Eigenspannungen entstehen, sind Nahtanhäufungen und Nahtkreuzungen zu vermeiden. Es treten sonst mehrachsige Spannungszustände auf, die wiederum eine Verformungsbehinderung verursachen und zur Rissbildung führen können. An Nahtkreuzungen z.B. ergeben sich immer bleibende Zugspannungen in zwei Richtungen. Mehrschüssige Behälter werden deshalb immer mit Nahtversatz geschweißt, Bild 2-4. Zuerst werden die Längsnähte geschweißt, anschließend werden die Quernähte versetzt quergeschweißt.

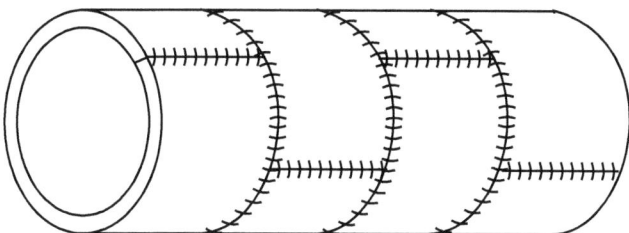

Bild 2-4. Schweißen eines mehrschüssigen Behälters.

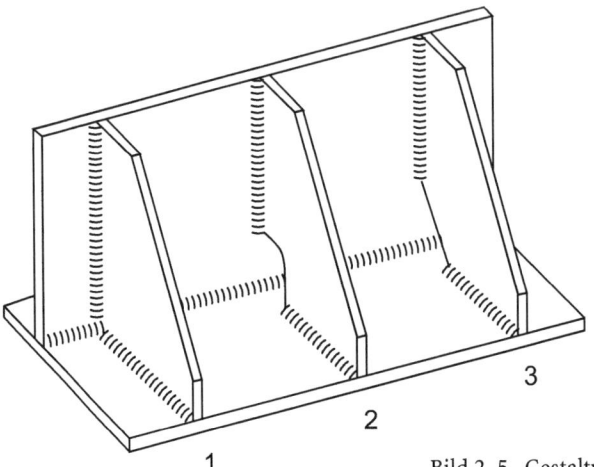

Bild 2-5. Gestaltung von Eckanschlüssen.

Nahtkreuzungen können ebenfalls vermieden werden, indem an kritischen Stellen Aussparungen vorgesehen werden, Bild 2-5. So können z. B. Eckanschlüsse auf unterschiedliche Weise gestaltet werden. Bei Möglichkeit 1 ist die Kerbwirkung minimal und damit die dynamische Festigkeit sehr gut. Jedoch liegt durch die Nahtkreuzung ein dreiachsiger Spannungszustand vor, der ein sprödes Versagen verursachen kann. Möglichkeit 2 ist hinsichtlich dynamischer Festigkeit zwar schlechter, jedoch liegt keine Nahtkreuzung vor. Die 3. Lösung ist zwar die preisgünstigste Variante, sie bewirkt aber eine hohe Kerbwirkung und es besteht Dauerbruchgefahr. Sie ist daher nur für ruhende Belastung ausreichend. Als Faustregel für die Auswahl des Anschlusses gilt: Lösung 1 für Blechdicken < 15 mm, Lösung 2 für Blechdicken > 15 mm und Lösung 3 nur für vorwiegend ruhende Beanspruchung.

- Unstetigen Kraftfluss vermeiden

Richtungsänderungen des Kraftlinienflusses bewirken Spannungsspitzen. Bei ruhender Belastung können die durch Kerbwirkung hervorgerufenen Spannungen durch die Verformbarkeit des Werkstoffs abgebaut werden, bei dynamischer Belastung ist eine Kerbe jedoch häufig der Ausgangspunkt für einen Dauerbruch. Deshalb sollten z. B. krasse Querschnittsübergänge vermieden werden, Bild 2-6. In den Normen des Schienenfahrzeug-, Kran- und Stahlbau werden zur Vermeidung großer Querschnittsübergänge Mindest-Steigungsverhältnisse zwischen zwei Blechstößen unterschiedlicher Dicke vorgeschrieben.

2.1 Gestaltungsgrundsätze

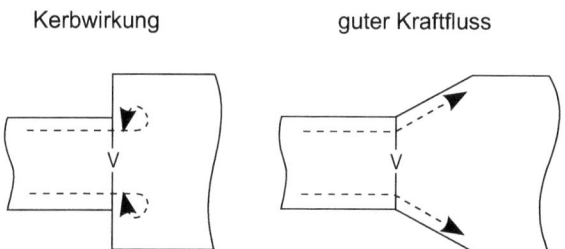

Bild 2-6. Kraftfluss an Stößen mit unterschiedlicher Bauteildicke.

Der Kraftfluss kann ebenfalls durch Verformungsbehinderungen, z.B. an Knotenpunkten, gestört werden. Bild 2-7 zeigt günstige und ungünstige Gestaltungsmöglichkeiten von Trägeranschlüssen mit und ohne versteiftem Knotenpunkt.

- Einsatz optimaler Querschnittsformen

Bild 2-8 zeigt einige Querschnittsformen von Stützen, Druckstäben und Biegeträgern. Bei Stützen und Druckstäben ist immer auf Knicksteifigkeit um alle Achsen zu achten, der Werkstoff sollte so weit wie möglich vom Schwerpunkt entfernt angeordnet werden.

Bei Biegeträgern wird zwischen Fachwerkträgern und Vollwandträgern unterschieden. Fachwerkträger besitzen ein geringes Gewicht und eine

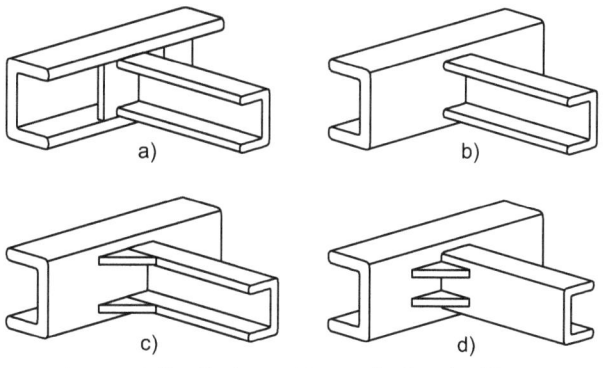

a) unversteifter Knotenpunkt = ungünstige Ausführung
b) unversteifter Knotenpunkt = günstige Ausführung
c) versteifter Knotenpunkt = ungünstige Ausführung
d) versteifter Knotenpunkt = günstige Ausführung

Bild 2-7. Günstige und ungünstige Gestaltung von Trägerstößen.

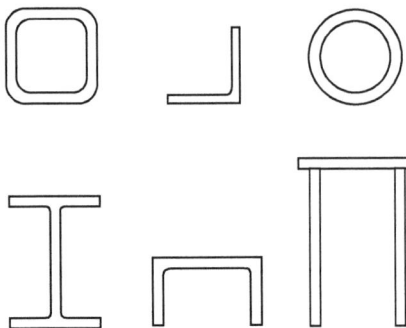

Bild 2-8. Querschnittformen von Stützen, Druckstäben und Biegeträgern.

hohe Steifigkeit. Sie sind zur Übertragung großer Lasten über große Spannweiten geeignet. Die Berechnung von Fachwerkträgern erfolgt unter der Annahme, dass die einzelnen Stäbe in den Knotenpunkten, in denen sich ihre Schwerlinien schneiden, durch reibungslose Gelenke miteinander verbunden sind.

Vollwandträger besitzen kleine Bauhöhen und sind durch automatisierte Schweißverfahren wirtschaftlich herzustellen. Biegemomente werden vorwiegen von den Gurten, Querkräfte ausschließlich vom Steg übertragen. Bei der Konstruktion sind gewalzte I-Profile vorzuziehen. Geschlossene Querschnitte sind nur bei Torsionsbeanspruchung notwendig.

Zur Erhöhung der Steifigkeit von Konstruktionen können Trägeraussteifungen vorgesehen werden. Längs- und Quersteifen dienen entweder zur Vermeidung von Beulen oder als Krafteinleitungssteifen. Bild 2-9 zeigt den Einsatz von Längs- und Querversteifungen als Beulsteifen. Als Anschlussnähte werden schmale durchlaufende Hohlkehlnähte geschweißt.

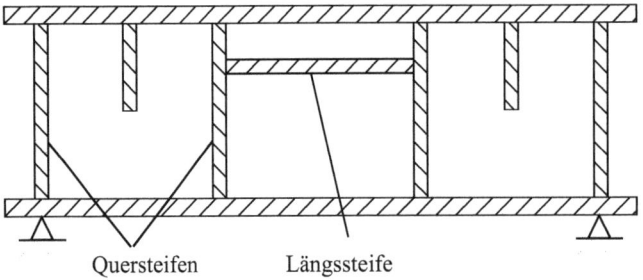

Bild 2-9. Längs- und Quersteifen zur Behinderung des Stegblechbeulens.

2.1 Gestaltungsgrundsätze

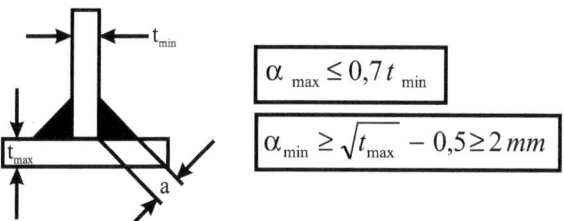

Bild 2-10. Grenzwerte für Kehlnahtdicken [2-2].

– Möglichst kleine Nahtdicken

Je größer die Nahtdicken sind, desto länger sind die Schweißzeiten, desto höher ist der Verbrauch an Zusatzwerkstoffen, desto höher die Wärmeeinbringung und desto größer ist die Gefahr hoher Eigenspannungen und Verformungen.

In DIN EN 18 800 Teil 1 sind die Grenzwerte für Kehlnahtdicken festgelegt, Bild 2-10. Nach Möglichkeit sind jedoch Stumpfnähte Kehlnähten vorzuziehen. Stumpfnähte bieten in der Regel einen besseren Kraftfluss, die Konstruktion hat weniger Kerben und ist wegen besserer Zugänglichkeit einfacher mit Ultraschall oder Röntgenstrahlung prüfbar.

– Vermeidung von Schweißnähten in hochbeanspruchten Bereichen

Stumpfstöße sind möglichst im Bereich geringer (Zug-) Beanspruchungen anzuordnen, Bild 2-11. Am Beispiel eines mit Innendruck beaufschlagten Vierkantrohres kann die günstigste Lage der Schweißnähte anhand des Momentenverlaufs ermittelt werden, Bild 2-12.

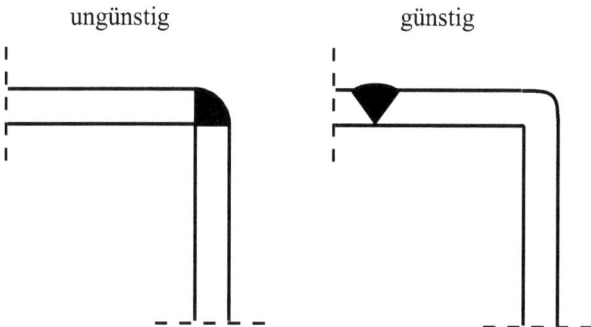

Bild 2-11. Gestaltung eines Eckstoßes.

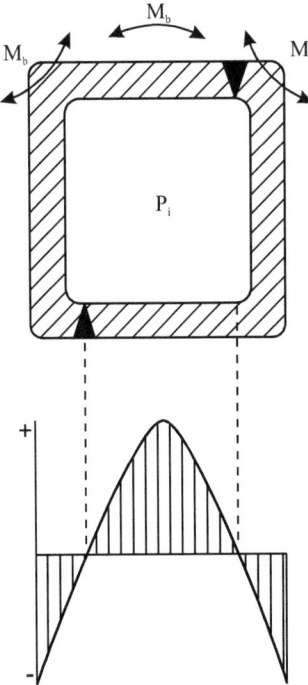

Bild 2-12. Ermittlung der Schweißnahtlage.

– Günstige Wahl des Lastangriffspunktes

Werden in einer Konstruktion Biegeträger mit symmetrischen Profilen eingesetzt, so spielt der Kraftangriffspunkt nur eine untergeordnete Rolle. Bei Verwendung geschlossener Profile ist durch den hohen Torsionswiderstand eine ausreichende Sicherheit bei einem außermittigen Kraftangriff gegeben. Bei unsymmetrischen, offenen Profilen jedoch führt ein außermittiger Kraftangriff zu einer Verdrehung bzw. Verwölbung des Querschnittes. Diese Verformung ist zu verhindern, indem der Kraftangriffspunkt nicht in den Schwerpunkt sondern in den Schubmittelpunkt gelegt wird. Der Schubmittelpunkt (Querkraftpunkt) ist der Schwerpunkt des Schubflusses. Durch ihn geht die Resultierende aller im Querschnitt wirkenden Schubkräfte. Wie in Bild 2-13 beispielhaft dargestellt, sind gegebenenfalls Laschen für die Krafteinleitung anzuschweißen.

– Schweißplan aufstellen

In jedem Fall muss ein Schweißplan zur Einhaltung der Schweißreihenfolge im Hinblick auf Schrumpfungen und Eigenspannungen aufgestellt

2.2 Schweißgerechte Gestaltung

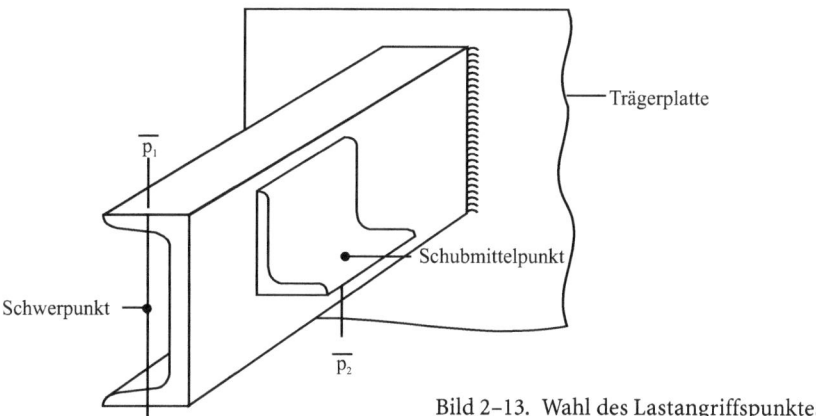

Bild 2-13. Wahl des Lastangriffspunktes.

werden. Die Anzahl erforderlicher Einspannungen zum Verschweißen der Bauteile ist zu minimieren. Bei der fertigungsgerechten Konstruktion ist insbesondere auf eine gute Zugänglichkeit der Schweißnähte zu achten. Bei großen Konstruktionen sind die einzelne Bauteile in Baugruppen aufzuteilen.

Die wesentlichen Gestaltungsgrundsätze sind im folgenden zusammengefasst:

- Anzahl der Schweißnähte minimieren,
- Nahtanhäufungen und Nahtkreuzungen vermeiden,
- Unstetigen Kraftfluss vermeiden,
- Einsatz optimaler Querschnittsgeometrien,
- Möglichst kleine Nahtdicken,
- Vermeidung von Schweißnähten in hochbeanspruchten Bereichen,
- Günstige Wahl des Lastangriffspunktes,
- Schweißplan aufstellen.

2.2 Schweißgerechte Gestaltung

Die schweißgerechte Gestaltung setzt neben der Berücksichtigung der in Kapitel 2.1 genannten Gestaltungsgrundsätze die Bedingung der Schweißbarkeit der Konstruktion bzw. des Bauteils voraus.

Die **Schweißbarkeit** eines Bauteiles ist nach DIN 8528 Teil 1 definiert. Ein Bauteil aus metallischem Werkstoff ist schweißbar, wenn der Stoffschluss

14 2 *Grundlagen der schweißtechnischen Gestaltung*

durch Schweißen mit einem gegebenen Schweißverfahren bei Beachtung eines geeigneten Fertigungsablaufs erreicht werden kann. Dabei müssen die Schweißungen hinsichtlich ihrer örtlichen Eigenschaften und ihres Einflusses auf die Konstruktion die gestellten Anforderungen erfüllen. Die Schweißbarkeit eines Bauteils ist im wesentlichen abhängig von der Schweißeignung des Werkstoffs, der Schweißmöglichkeit der Fertigung und der Schweißsicherheit der Konstruktion, Bild 2-14.

Die **Schweißeignung** ist eine Werkstoffeigenschaft. Sie wird im wesentlichen von der Fertigung und in geringem Maße von der Konstruktion beeinflusst. Die Schweißeignung ist die Größe, die die Schweißbarkeit eines Werkstoffs beschreibt. Lässt sich ein Werkstoff ohne Berücksichtigung des Verfahrens und der Schweißbedingungen schweißen, dann ist er gut schweißgeeignet. Kann er aus metallurgischer Sicht nicht mit allen Verfahren geschweißt werden, dann ist er nur bedingt schweißgeeignet.

Die Schweißeignung eines Werkstoffs ist vorhanden, wenn bei der Fertigung aufgrund der werkstoffgegebenen chemischen, metallurgischen und physikalischen Eigenschaften eine den jeweils gestellten Anforderungen entsprechende Schweißung hergestellt werden kann. Die Schweißeignung eines Werkstoffs innerhalb einer Werkstoffgruppe ist um so besser, je weniger die werkstoffbedingten Faktoren beim Festlegen der schweißtechnischen Fertigung für eine bestimmte Konstruktion beachtet werden müs-

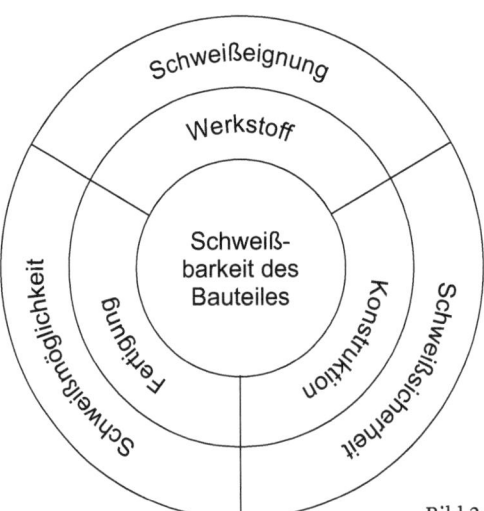

Bild 2-14. Schweißbarkeit eines Bauteils.

2.2 Schweißgerechte Gestaltung

sen. Die chemische Zusammensetzung des Werkstoffs ist bestimmend für seine Sprödbruch-, Alterungs-, Härte- und Warmrissneigung sowie sein Schmelzbadverhalten. Die metallurgischen Eigenschaften des Werkstoffs sind durch das Herstellungsverfahren gegeben, wie z. B. durch die Erschmelzungs- und Oxidationsart, der Warm- und Kaltformgebung sowie der Wärmebehandlung. Die Metallurgie ist bestimmend für Seigerungen, Einschlüsse, Anisotropie, Korngröße und Gefügeausbildung. Die physikalischen Eigenschaften beschreiben das Ausdehnungsverhalten, die Wärmeleitfähigkeit, den Schmelzpunkt sowie die Festigkeit und Zähigkeit des Werkstoffs.

Die **Schweißmöglichkeit** ist eine Fertigungseigenschaft. Sie wird im wesentlichen von der Konstruktion und in geringem Maße vom Werkstoff beeinflusst. Die Schweißmöglichkeit in einer schweißtechnischen Fertigung ist vorhanden, wenn die an einer Konstruktion vorgesehenen Schweißungen unter den gewählten Fertigungsbedingungen fachgerecht hergestellt werden können. Die Schweißmöglichkeit einer für ein bestimmtes Bauwerk oder Bauteil vorgesehenen Fertigung ist um so besser, je weniger die fertigungsbedingten Faktoren beim Entwurf der Konstruktion für einen bestimmten Werkstoff beachtet werden müssen.

Fertigungsbedingte Faktoren sind die Vorbereitungen zum Schweißen (z. B. Auswahl von Schweißverfahren, Zusatzwerkstoffen, Hilfsmitteln, Stoßarten, Fugenformen, Vorwärmung oder Maßnahmen bei ungünstigen Witterungsverhältnissen), Ausführung der Schweißarbeiten (z. B. Wärmeführung, Wärmeeinbringung, Schweißfolge) und Nachbehandlung (z. B. Wärmebehandlung, Schleifen, Bürsten).

Die **Schweißsicherheit** ist eine Konstruktionseigenschaft. Sie wird im wesentlichen vom Werkstoff und im geringen Maße von der Fertigung beeinflusst. Die Schweißsicherheit einer Konstruktion ist vorhanden, wenn mit dem verwendeten Werkstoff das Bauteil aufgrund seiner konstruktiven Gestaltung unter den vorgegebenen Betriebsbedingungen funktionsfähig bleibt. Die Schweißsicherheit der Konstruktion eines bestimmten Bauwerks oder Bauteils ist um so größer, je weniger die konstruktionsbedingten Faktoren bei der Auswahl des Werkstoffs für eine bestimmte schweißtechnische Fertigung beachtet werden müssen.

Die Schweißsicherheit wird durch die konstruktive Gestaltung und den Beanspruchungszustand des Bauteils beeinflusst. Die konstruktive Gestaltung berücksichtigt z. B. den Kraftfluss im Bauteil, die Anordnung der Schweißnähte, die Werkstückdicke, Kerbwirkung und Steifigkeitsunterschiede. Unter dem Beanspruchungszustand versteht man z. B. die Art und Größe der Spannungen im Bauteil, den Räumlichkeitsgrad der Spannungen, die Beanspruchungsgeschwindigkeit, Temperaturen und Korrosion.

Die Bedingungen für die Schweißbarkeit eines Bauteils verdeutlichen, dass die Grenzen zwischen den Bedingungen der schweiß-, werkstoff-, beanspruchungs- und fertigungsgerechten Gestaltung nicht klar definiert sind, sondern dass für die gestaltungsgerechte Konstruktion vielmehr alle einzelnen Aspekte im Gesamtkomplex zu sehen sind. Das bedeutet, dass eine schweißgerechte Konstruktion natürlich nur unter werkstoff-, fertigungs- und beanspruchungstechnischen Gesichtspunkten erfolgen darf. Die Kapitel 2.3 bis 2.5 gehen daher auf die wesentlichen Aspekte ein.

2.3 Werkstoffgerechte Gestaltung

Die werkstoffgerechte Gestaltung beginnt mit der Auswahl eines geeigneten Werkstoffs. Bei der Werkstoffauswahl für eine geschweißte Konstruktion müssen die gültigen Vorschriften und Normen beachtet werden, wie z. B. DIN 17 100. In Abhängigkeit des Schweißverfahrens muss die Schweißeignung des Werkstoffs berücksichtigt werden sowie die Auswahl eines Zusatzwerkstoffs erfolgen.

Für die Konstruktion des Bauteils sind weiterhin folgende Kriterien zur Werkstoffauswahl zu berücksichtigen:

- Festigkeit

Zur Berechnung der Festigkeit einer Konstruktion wird in Europa die Streckgrenze des Werkstoffs R_e bzw. $R_{P0,2}$, in den USA die Zugfestigkeit R_m zugrunde gelegt. Andere wichtige Festigkeitsgrößen sind die Zeitstandfestigkeit und die Zähigkeit des Werkstoffs.

- Rissbildung

Risse in Werkstoffen werden nach ihrer Größe, nach ihrem Verlauf und nach den Bedingungen und Ursachen ihres Entstehens eingeteilt. Nach ihrer Entstehung werden sie unterteilt in Kalt- und Heißrisse. Kaltrisse können entstehen, wenn durch das Schrumpfen starrer Konstruktionen aus höherfesten Werkstoffen ein mehrachsiger Spannungszustand vorliegt. Dies wird in der Regel durch die Konstruktion selbst oder durch induzierten Wasserstoff verursacht. Heißrisse entstehen z. B. bei Reinausteniten, die bei sehr hohen Temperaturen eingesetzt werden, als Aufschmelz- oder Erstarrungsrisse.

2.3 Werkstoffgerechte Gestaltung

Die Rissbildung kann durch die geeignete Wahl des Schweißverfahrens und des Zusatzwerkstoffs sowie durch entsprechende Maßnahmen bei der Fertigung, wie z. B. Vorwärmen, Strichraupentechnik, Mehrlagentechnik und Wärmebehandlung verhindert werden.

Weitere Informationen zu dieser Thematik sind Band 2, Verhalten der Werkstoffe beim Schweißen, zu entnehmen.

– Porosität

Poren sind Höhlräume im Werkstoff. Sie werden unterschieden in mechanische und metallurgische Poren (Band 2: Verhalten der Werkstoffe beim Schweißen). Als typischer Fall der mechanischen Porenbildung kann das Überschweißen eines Hohlraumes (z. B. Bindefehler) in einer vorherigen Lage angesehen werden. Durch die Schweißwärme beim Überschweißen erfolgt eine starke Ausdehnung der in diesem Hohlraum enthaltenen Gase und somit die Bildung einer Gasblase im flüssigen Schweißgut. Erfolgt die Erstarrung des Schweißgutes so schnell, dass diese Gasblase nicht mehr an die Oberfläche des Schmelzbades aufsteigen kann, so verbleibt sie als Pore im Schweißgut. Die metallurgische Porenbildung ist die Folge der im flüssigen Zustand stark erhöhten Gaslöslichkeit der Schmelze gegenüber dem festen Zustand und der Ausscheidung der Gase zum Zeitpunkt der Erstarrung.

– Aufhärtung

Durch Aufhärtung eines Werkstoffs kann es zu Versprödungen kommen. Die Aufhärtneigung des Werkstoffs wächst mit steigendem Kohlenstoffgehalt und steigender Abkühlgeschwindigkeit. Neben dem Kohlenstoffgehalt haben auch Legierungselemente einen Einfluss auf die Aufhärtneigung und die Schweißbarkeit eines Werkstoffs. Um den Einfluss des Kohlenstoffs und der Legierungselemente auf die Aufhärtneigung im Stahl zu berücksichtigen, kann ein Vergleichswert, das Kohlenstoffäquivalent, berechnet werden. Es gibt etwa 15 verschiedene Formeln zur Berechnung des Kohlenstoffäquivalentes. Generell gilt:

$$C_{äqu} = f\{C, Mn, Mo, Cr, V, Cu, Ni, S\} \tag{1}$$

$C_{äqu} \leq 0{,}45\,\%$ bedeutet gute Schweißbarkeit ohne besondere Maßnahmen zur Vermeidung von Aufhärtungen, wie z. B. Wärmebehandlung.

Zur Abschätzung der Gefügestruktur dienen die kontinuierlichen ZTU-Schaubilder des jeweiligen Werkstoffs. Anhand dieser Diagramme können für verschiedenen Abkühlgeschwindigkeiten die entstandenen Gefüge in Prozent sowie die Härte des Gefüges bei Raumtemperatur ermittelt werden.

Weitere Informationen zu dieser Thematik sind Band 2, Verhalten der Werkstoffe beim Schweißen, zu entnehmen.

– Grobkornbildung

Grobkornbildung ist abhängig vom Grundwerkstoff, vom Schweißverfahren und von der Wärmeführung. Sie tritt auf, wenn Stahl über längere Zeit auf Temperaturen weit oberhalb A_{c3} erwärmt wird. Durch grobkörniges Gefüge sinkt die Verformungsfähigkeit und die Zähigkeit des Werkstoffs. Durch Normalglühen kann dieses Gefüge nachträglich wieder beseitigt werden.

– Seigerungen

Seigerungszonen entstehen beim Vergießen von unberuhigtem Stahl. Beim Abkühlen der Schmelze entweichen Gase. Dadurch tritt eine Reaktion ein, die ein Entweichen der Bestandteile mit niedrigem Schmelzpunkt (Verunreinigungen wie N, P, S) aus den schneller erstarrenden Randzonen zum Kern des erstarrenden Stahls verursacht. Nach der vollständigen Abkühlung sind diese Verunreinigungen im Kern in hohen Konzentrationen vorhanden. Beim Schweißen sollte die Aufschmelzung der verunreinigten Zonen vermieden werden, da sonst Poren und Risse entstehen, die besonders bei dynamischer Belastung zu verformungslosen Sprödbrüchen führen können. Bild 2-15 zeigt die Seigerungszonen einiger Profile.

– Sprödbruchempfindlichkeit

Ist keine plastische Verformungsmöglichkeit des Werkstoffs vorhanden, dann neigt er zum Sprödbruch, d.h. das Bauteil bricht schlagartig ohne erkennbare Vorzeichen. Stähle zeigen in Abhängigkeit ihrer chemischen

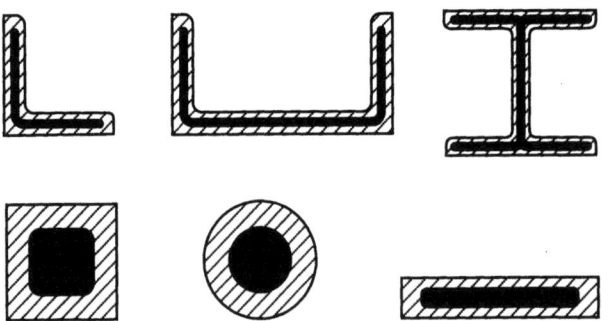

Bild 2-15. Seigerungszonen bei Profilen aus unberuhigten Stählen.

2.4 Beanspruchungsgerechte Gestaltung

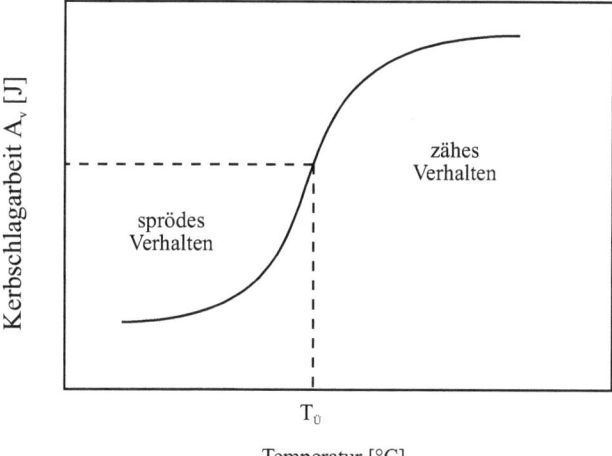

Bild 2-16. Kerbschlagarbeit – Temperatur - Diagramm.

Zusammensetzung ab bestimmten Temperaturbereichen ein plötzliches Absinken der Zähigkeit. Bild 2-16 zeigt den typischen Verlauf der Kerbschlagarbeit in Abhängigkeit von der Temperatur für kohlenstoffhaltige Stähle. Im Bereich der sogenannten Übergangstemperatur tritt ein steiler Abfall der Kerbschlagzähigkeit und damit der Verformbarkeit des Werkstoffs ein.

2.4 Beanspruchungsgerechte Gestaltung

Vor der Auslegung und Gestaltung einer Konstruktion müssen die später auf das Bauwerk einwirkenden Beanspruchungen S_d bekannt sein. Beanspruchungen sind z. B. Spannungen, Schnittgrößen, Scherkräfte von Schrauben, Dehnungen und Durchbiegungen. Sie werden durch Einwirkungen, wie z. B. Schwerkraft, Wind, Verkehrslast, Temperatur oder Stützensenkungen verursacht.

Beanspruchungen können statisch oder dynamisch sein, sie können durch Zug, Druck, Biegung, Scherung oder Torsion entstehen. Allgemein gilt für die Auslegung einer Konstruktion, dass die später im Betrieb des Bauteils auftretenden Beanspruchungen die Beanspruchbarkeiten R_d nicht überschreiten dürfen, wobei unter Beanspruchbarkeiten Grenzzustände wie z. B. Grenzspannungen, Grenzschnittgrößen oder Grenzdehnungen verstanden werden.

$$\frac{S_d}{R_d} \leq 1 \qquad (2)$$

Die Tragfähigkeit bzw. das Festigkeits- und Ermüdungsverhalten einer Konstruktion wird durch den Nachweis der Festigkeit bestätigt. Der Festigkeitsnachweis erfolgt unter Berücksichtigung der Belastungen des Bauteils. Je nach Belastungsart sind verschiedene Werkstoffkennwerte maßgebend, Bild 2-17.

Mitbestimmend für die beanspruchungsgerechte Gestaltung von geschweißten Konstruktionen sind neben den eingesetzten Werkstoffen auch die Wahl der Nahtform, die Nahtanordnung sowie die Nahtqualität, Bild 2-18.

2.4.1 Statische Belastung

Die statische Belastung eines Bauteils ist eine ruhende bzw. konstante Beanspruchung, die ständig unverändert bleibt. Bei Hochbauten z.B. ist eine ruhende Beanspruchung das Eigengewicht. Mit gleichbleibender Beanspruchung beaufschlagte Druckbehälter oder Kessel werden, wenn sie nur selten stillgelegt werden, ruhend bzw. statisch belastet. Als vorwiegend ruhend belastete Konstruktionen werden Bauteile bezeichnet, die leichten Belastungsschwankungen unterworfen sind, wie z.B. Straßenbrücken.

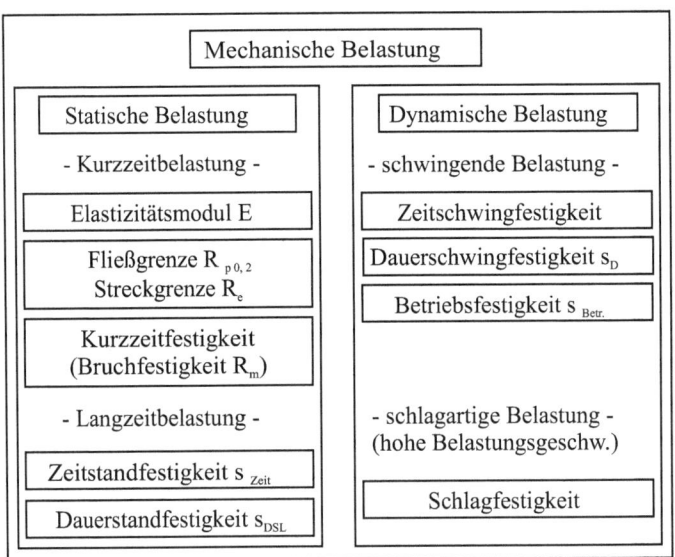

Bild 2-17. Belastungsarten und Werkstoffkennwerte.

2.4 Beanspruchungsgerechte Gestaltung

Bild 2-18. Einflüsse auf die beanspruchungsgerechte Gestaltung von Schweißkonstruktionen.

Für den Nachweis der statischen Belastbarkeit ist die Tragsicherheit und die Gebrauchstauglichkeit der Konstruktion zu erbringen. Der Nachweis der Tragsicherheit zeigt, dass das Bauwerk bzw. Bauteile der Konstruktion während der Errichtung und geplanten Nutzung gegen Versagen ausreichend sicher sind. Die Gebrauchstauglichkeit ist, soweit sie nicht durch Normenwerke geregelt ist, zu vereinbaren. Ein Beispiel für die Gebrauchstauglichkeit ist z. B. die Dichtigkeit von Leitungen.

Bei der statischen Belastung wird die Tragfähigkeit des Bauteils durch die Nahtform, die Nahtqualität und die Nahtanordnung beeinflusst. Bei der Dimensionierung und Berechnung vorwiegend ruhend beanspruchter Schweißkonstruktionen werden die aus Zugversuchen ermittelten, maximalen Festigkeitswerte der entsprechenden Werkstoffe zugrunde gelegt, (Anhang, DIN 18800 Teil 1, Tabelle 1) [2].

Durch das aus den Zugversuchen ermittelte Spannungs-Dehnungs-Diagramm können Aussagen über das Verformungsverhaltens des Werkstoffs getroffen werden. Je nach Festigkeit des Werkstoffs nimmt die Spannungs-Dehnungs-Kurve verschiedene Formen an, Bild 2-19. Zu Beginn der Belastung wird sich zunächst eine dem Hookeschen Gesetz folgende elastische Dehnung einstellen. Nach Erhöhung der Spannung treten plastische Verformungen auf, wobei das Erreichen einer bestimmten maximalen Verformung zum Bruch des Werkstoffs führt. Bei weichen Stählen übersteigt der

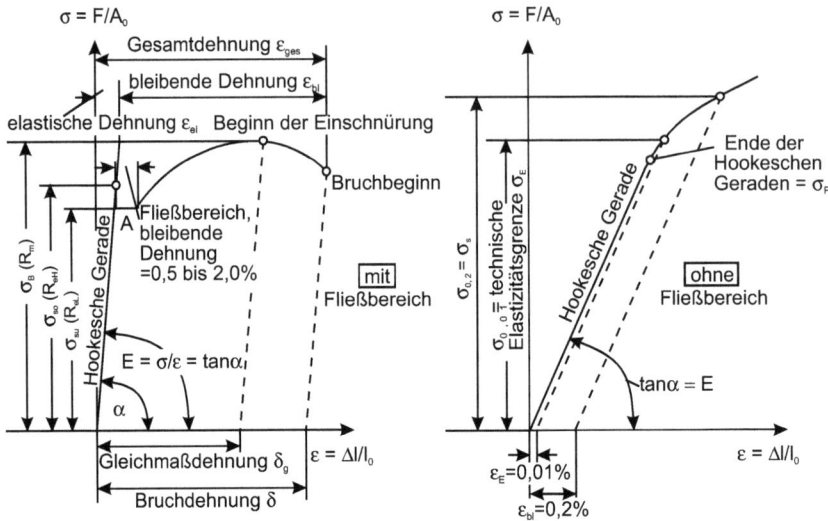

Bild 2-19. Spannungs-Dehnungs-Diagramm von Stahl mit und ohne Fließgrenze.

Anteil der plastischen Verformung den elastischen Anteil. Bei S235 JR z. B. liegt der elastische Anteil bei 0,1 %, der plastische Anteil bei ca. 30 % Dehnung.

Je höher die Festigkeit eines Stahls wird, desto geringer ist das plastische Verformungsvermögen. Dabei spielt es keine Rolle, ob die Festigkeit planmäßig durch Legieren oder durch unbeabsichtigte Aufhärtung gesteigert wurde.

2.4.2 Dynamische Belastung

Die dynamische Belastung von Bauteilen ist eine sich regelmäßig oder unregelmäßig mit der Zeit ändernde Beanspruchung der Konstruktion. Diese Änderung kann zwischen gleichbleibenden Maximal- und Minimalwerten auftreten, oder die Änderung kann vollkommen regellos unter zufallsbedingter Last-Zeit-Funktion erfolgen. Der erste Fall wird als Einstufenbelastung bezeichnet und tritt z. B. bei der Beanspruchung einer Pumpen- oder Kurbelwelle auf. Im zweiten Fall handelt es sich um eine Mehrstufenbelastung. Ein Beispiel dafür ist die Belastung von Achsen oder Rahmen von Straßenverkehrs- oder Baufahrzeugen.

Bei dynamischer Belastung wird die Tragfähigkeit des Bauteils neben Nahtform, Nahtqualität und Nahtanordnung auch durch Nachbearbeitung, Bauteilform im Anschlussbereich sowie durch die Spannungs-Zeit-Funktion

2.4 Beanspruchungsgerechte Gestaltung

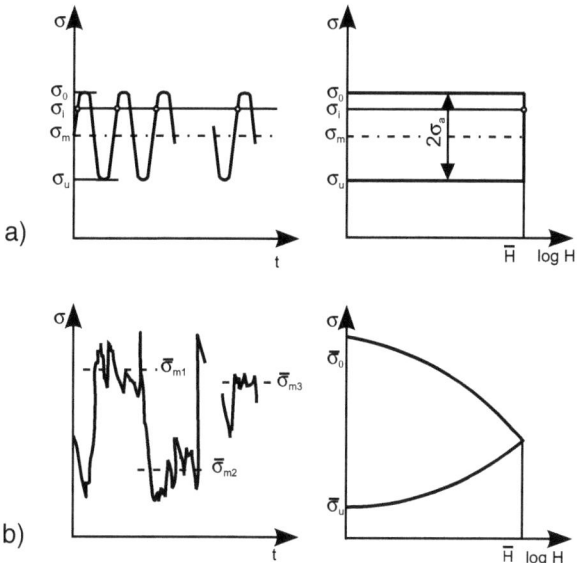

Bild 2-20. Spannungs-Zeit-Funktion mit konstanter (a) und veränderlicher (b) Amplitude.

der Beanspruchung beeinflusst. Die Spannungs-Zeit-Funktion kann dabei einstufig oder regellos wechselnd mit unterschiedlichen Schwingungsamplituden verlaufen, Bild 2-20.

Bild 2-21 zeigt die unterschiedlichen einstufigen Belastungsarten sowie geläufige Möglichkeiten zur Erfassung und Berechnung der Belastungsarten.

Wird ein Werkstoff mit einer schwingenden Belastung beaufschlagt, dann bewirkt dies einen stärkeren Abfall der Festigkeit als bei einem vorwiegend ruhend belasteten Werkstoff. In Abhängigkeit der Dauer der Schwingbeanspruchung, der sogenannten Schwingspielzahl, verringert sich die Festigkeit des Werkstoffs bzw. des Bauteils. Um die Bruchfestigkeit eines Werkstoffs bei gleichbleibender Schwingbelastung beurteilen zu können, werden sogenannte Wöhlerkurven ermittelt, Bild 2-22.

Bei dem von Wöhler entwickelten Versuch wird ein Werkstoff mit Stabquerschnitt mit einer konstanten Spannung σ kontinuierlich beansprucht und wieder entlastet, solange bis bei einer bestimmten Schwingspielzahl N ein Bruch auftritt.

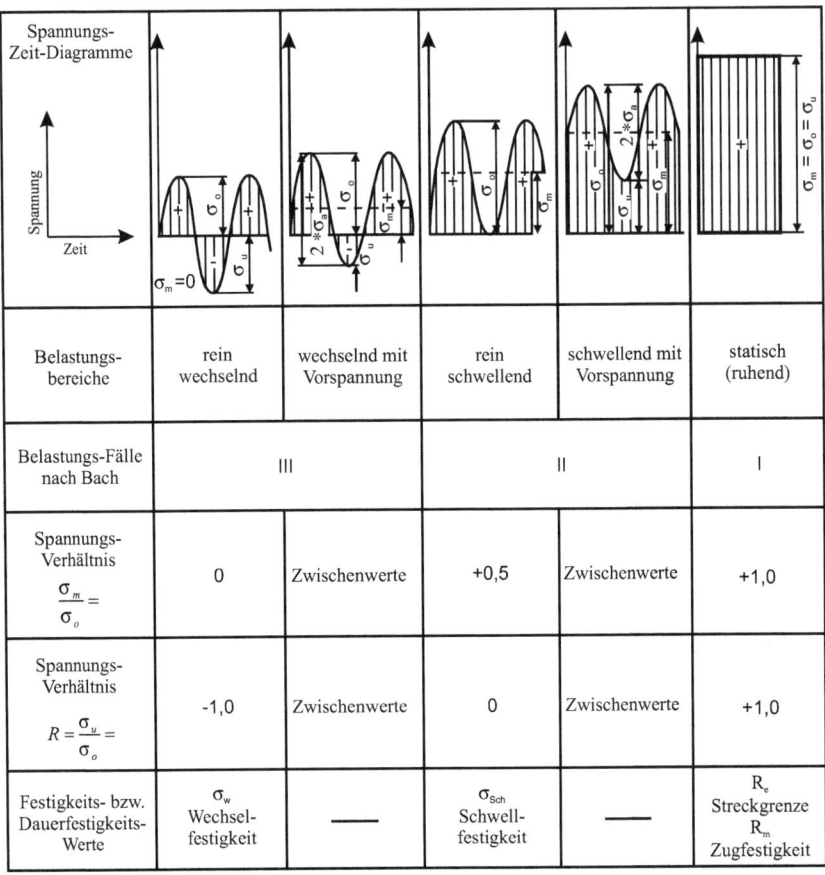

Bild 2-21. Beanspruchungsarten.

Wie aus Bild 2-22 ersichtlich, verläuft die Wöhlerkurve ab einer bestimmten Schwingspielzahl parallel zur N-Achse. Das bedeutet, dass ab dieser Schwingspielzahl kein Einfluss mehr auf die Festigkeit zu sehen ist. Daher wird dieser Bereich als Dauerschwingfestigkeits- oder kurz als Dauerfestigkeitsbereich bezeichnet. Die Bereiche vor diesem Wert charakterisieren entsprechend die Kurzzeit- bzw. die Zeitfestigkeit.

Auf den Wöhlerkurven basieren die Dauerfestigkeitsschaubilder, wie z.B. das Dauerfestigkeitsschaubild nach Haigh, nach Smith oder nach Moore, Kommers, Jaspers, Bild 2-23. Diese Schaubilder zeigen die Zusammenhänge zwischen ertragbarer Spannungsamplitude und Mittelspannung bzw. Spannungsverhältnis.

2.4 Beanspruchungsgerechte Gestaltung

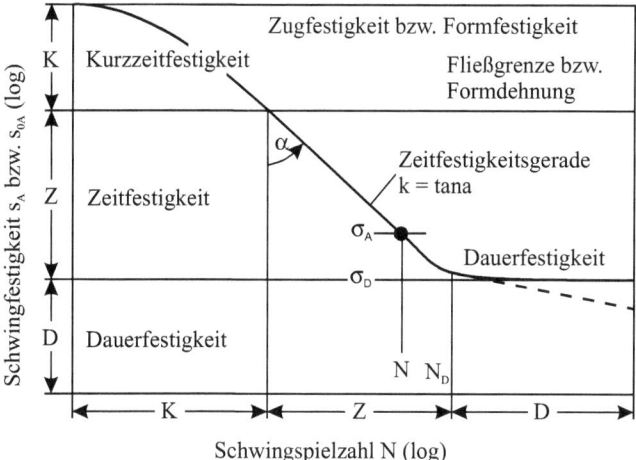

Bild 2-22. Wöhlerkurve.

Im Smith-Diagramm werden die ertragbaren Ober- und Unterspannungswerte in Abhängigkeit von der Mittelspannung dargestellt. Es gilt

$$\sigma_m = \frac{\sigma_o + \sigma_u}{2} \tag{3}$$

Zur Vereinfachung der Darstellung wird der Bereich der Streckgrenze in der Regel geradlinig ausgeführt.

Bei Moore, Kommers, Jasper werden die Spannungswerte in Abhängigkeit vom Spannungsverhältnis κ aufgetragen:

$$\kappa = \frac{\sigma_{min}}{\sigma_{max}} \tag{4}$$

Im Dauerfestigkeitsschaubild nach Haigh wird die ertragbare Spannungsamplitude über der Mittelspannung aufgetragen.

Die meisten dynamisch beanspruchten Konstruktionen werden in der Praxis nicht mit einer gleichförmigen schwingenden Belastung beaufschlagt. Die Spannungs-Zeit-Funktion verläuft häufig regellos wechselnd mit unterschiedlichen Schwingungsamplituden. Die Bemessung einer Konstruktion erfolgt in diesem Fall mit einem Betriebsfestigkeitsnachweis. Um die praktisch auftretenden Spannungs-Zeit-Funktionen hinsichtlich der Betriebsfestigkeit zu charakterisieren, wird das sogenannte Beanspruchungskollektiv bestimmt, Bild 2-24.

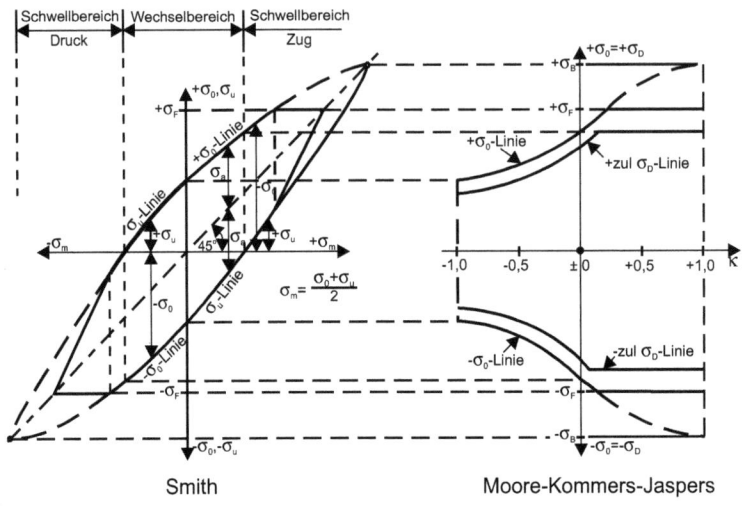

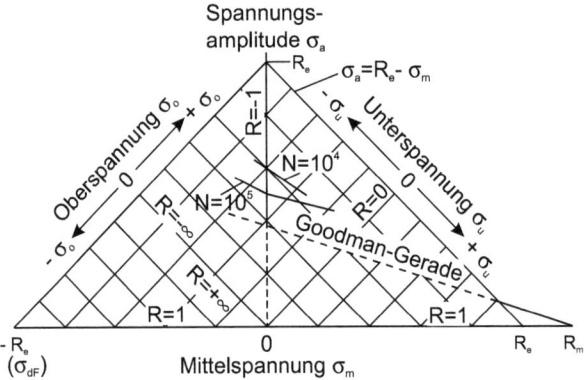

Bild 2-23. Dauerfestigkeitsschaubilder: Smith, Moore-Kommers-Jaspers, Haigh.

Das Beanspruchungskollektiv besagt, dass in einer betrachteten Spannungs-Zeit-Funktion in einer bestimmten Überschreitungshäufigkeit H_i Lastspiele auftreten, die die zugehörigen Schwingungsgrenzen σ_{oi} und σ_{ui} erreichen oder überschreiten. Obere und untere Kurve verlaufen in vielen Fällen symmetrisch zueinander, so dass die Darstellung der oberen Kurve zur Charakterisierung des Beanspruchungskollektivs ausreicht.

Bei Betriebsfestigkeitsuntersuchungen ergeben sich verschiedene Beanspruchungskollektive, jedoch zeichnen sich einige typische und häufig vorkommende Formen ab.

2.4 Beanspruchungsgerechte Gestaltung

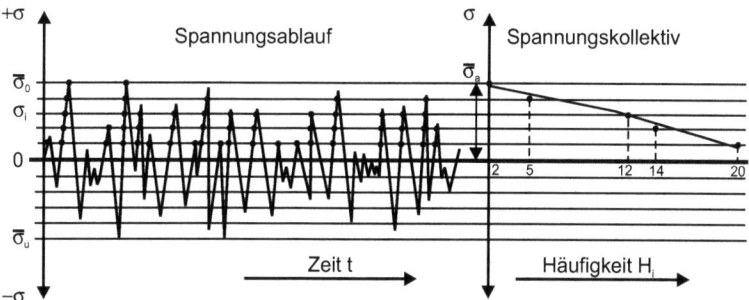

Bild 2-24. Ermittlung des Beanspruchungskollektivs.

Neben der Wöhlerlinie, die den Zusammenhang zwischen Beanspruchungshöhe und Bruchlastspielzahl für eine Schwingbeanspruchung mit konstanter Spannung zeigt, können für Schwingbeanspruchungen mit veränderlicher Amplitude sogenannte Lebensdauerlinien dargestellt werden.

Ausgehend vom Beanspruchungskollektiv wird ein Betriebsfestigkeitsversuch durchgeführt. Es gibt verschiedene Methoden zur Durchführung von Betriebsfestigkeitsversuchen. Der bekannteste ist der Blockprogrammversuch nach Gaßner, auch Mehrstufen- oder Achtstufenschwingfestigkeitsversuch genannt.

Zuerst wird die obere Kurve des Beanspruchungskollektivs durch ein sogenanntes Treppenkollektiv ersetzt, Bild 2-25. Dieses Treppenkollektiv wird in ein Blockprogramm umgesetzt, d.h. in eine achtstufige Folge der Span-

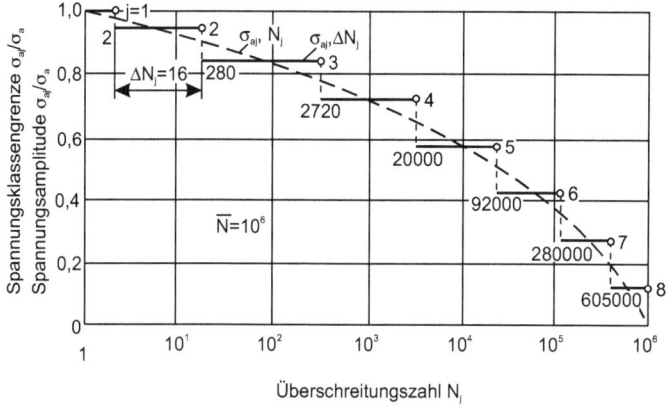

Bild 2-25. Treppenkollektiv der Beanspruchungsamplituden.

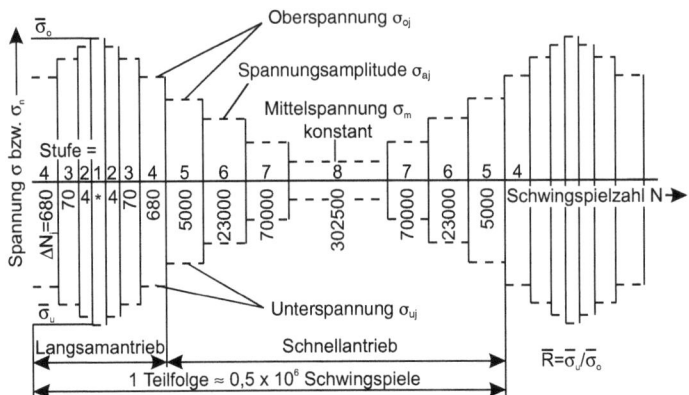

Bild 2-26. Achtstufenschwingfestigkeitsversuch.

nungsamplituden, Bild 2-26. Das Bauteil wird dann mit dieser Teilfolge mehrmals bis zum Bruch beaufschlagt.

In der Regel wird die Belastung mit einem Block mittlerer Schwingungsbreite begonnen, um mögliche Anfangsschädigungen bei Start mit der Höchstlast zu vermeiden.

Es gibt noch einige andere Betriebsfestigkeitsversuche, auf die in diesem Buch jedoch nicht weiter eingegangen wird.

Werden die aus den Betriebsfestigkeiten ermittelten, für die einzelnen, maximalen Spannungsamplituden σ_a ertragbaren Schwingspielzahlen N wie im Wöhlerdiagramm dargestellt, ergibt sich die sogenannte Lebensdauerlinie, Bild 2-27. Sie charakterisiert die zu erwartende Schwingfestigkeit σ_A bei entsprechendem Kollektivumfang N. Im Gegensatz zur Wöhlerkurve, wo die Schwingversuche bei unterschiedlichen Spannungsamplituden durchgeführt werden, werden für die Ermittlung der Lebensdauerlinie der Beanspruchungskollektivhöchstwert und proportional dazu die übrigen Amplituden des Kollektivs variiert.

Aufgrund von Werkstoff- und Fertigungseinflüssen ergibt sich wie auch bei den Wöhlerkurven ein Streubereich der Versuchergebnisse. Daher wird eine statistisch ermittelte Überlebenswahrscheinlichkeit $P_ü$ definiert.

Zusammenfassend sind die Zusammenhänge zwischen Zeit-, Dauer- und Betriebsfestigkeit in Bild 2-28 dargestellt. Das Spannungs-Dehnungs-Diagramm (a) zeigt die Zugfestigkeit und die Streckgrenze des Werkstoffs als oberen Grenzwert der Beanspruchung. Nach dem allgemeinen bzw. statischen Spannungsnachweis führt ein einmaliges Überschreiten dieser

2.4 Beanspruchungsgerechte Gestaltung

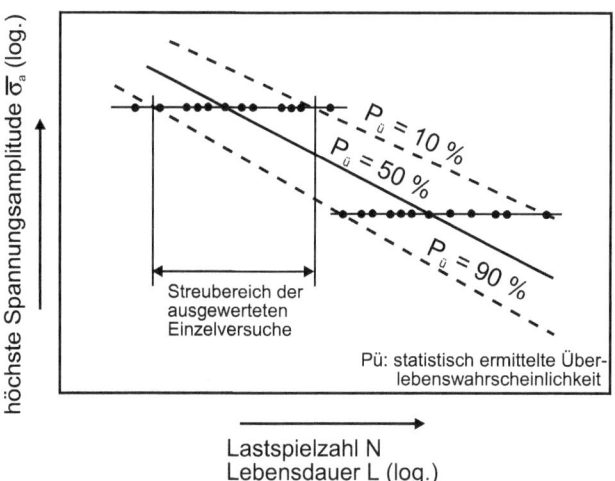

Bild 2-27. Lebensdauerlinien.

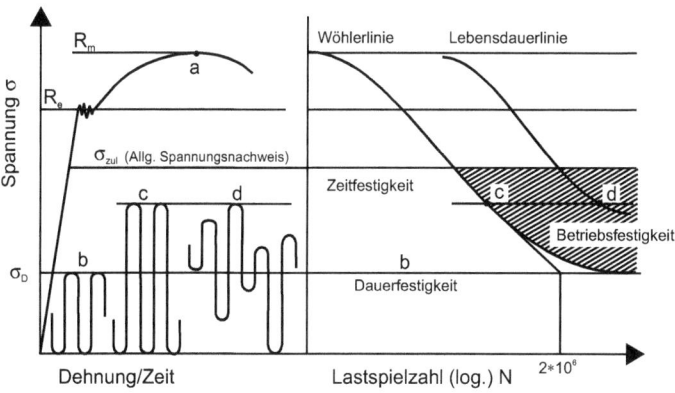

Bild 2-28. Zusammenhänge zwischen Zeit-, Dauer- und Betriebsfestigkeit.

Werte zum Versagen des Bauteils. Die Dauerfestigkeit ergibt sich aus einer beliebig oft wiederholten schwingenden Belastung, die nicht zum Bruch führt (b). Eine konstante Schwingbeanspruchung oberhalb der Dauerfestigkeit führt nach einer endlichen Anzahl von Schwingspielen zum Bruch (c).

Es gilt: je höher die Spannung ist, desto eher tritt der Bruch ein. Daraus ergibt sich die Zeitfestigkeitslinie. Die Ergebnisse der Diagramme a, b und c liefern die Wöhlerlinie.

Kennzeichnend für die meisten Bauteile ist jedoch eine Schwingbeanspruchung mit unterschiedlich großen Amplituden (d). Dies lässt sich durch die Lebensdauerlinie darstellen, die entweder experimentell durch Betriebsfestigkeitsversuche mit stochastischem Beanspruchungsablauf oder ausgehend von der Wöhlerlinie mit Hilfe einer Schadensakkumulations-Hypothese rechnerisch ermittelt werden kann.

Gemäß Bild 2-28 lassen sich Betriebsfestigkeitslinien ableiten, die jeweils für ein bestimmtes Bauteil oder eine Verbindung eines bestimmten Werkstoffs unter Berücksichtigung einer bestimmten Kerbwirkung bei einem bestimmten Grenzspannungsverhältnis κ gelten.

Die Betriebsfestigkeit ist jedoch nicht nur vom Spannungskollektiv und der Anzahl der Spannungsspiele abhängig, sondern sie wird ebenfalls durch die Form des Bauteils, durch die Art der dynamischen Belastung (wechselnd, schwellend), durch den Werkstoff und Kerbwirkungen beeinflusst.

2.4.3 Schweißnähte

Für die beanspruchungsgerechte Gestaltung von Schweißkonstruktionen ist die Nahtausführung bei statischer und dynamischer Belastung von wesentlicher Bedeutung.

Nach DIN 1912 Teil 1 werden bei der konstruktiven Gestaltung von Schweißverbindungen folgende Stoßarten unterschieden:

- Stumpfstoß,
- Parallelstoß,
- Überlappstoß,
- T-Stoß,
- Doppel-T-Stoß,
- Schrägstoß,
- Eckstoß,
- Mehrfachstoß,
- Kreuzungsstoß.

Die Stoßart erfordert zwangsläufig eine bestimmte Nahtart. Grundsätzlich wird zwischen Stumpf- und Kehlnähten unterschieden. Stumpfnähte zeichnen sich bei fachgerechter Ausführung durch einen günstigen Kräfteverlauf und eine gleichmäßige Spannungsverteilung aus. Bei optimaler Herstellung kann die Belastbarkeit und Beanspruchung dem Grundwerkstoff gleichgesetzt werden. Die rechnerische Nahtdicke wird nach DIN 18 800 Teil 1 durch das Fügeteile mit der geringsten Dicke bestimmt, Bild 2-29. Ist der Dickenunterschied beider Fügeteile größer als 10 mm, sind die vorstehenden Kanten im Verhältnis 1:1 oder flacher zu brechen, Bild 2-30.

2.4 Beanspruchungsgerechte Gestaltung

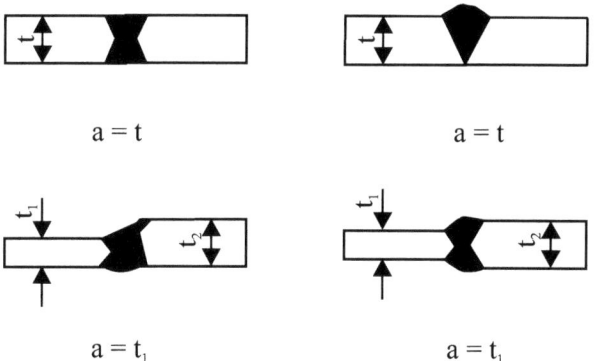

Bild 2-29. Nahtdicke bei durchgeschweißten Stumpfnähten [2-2].

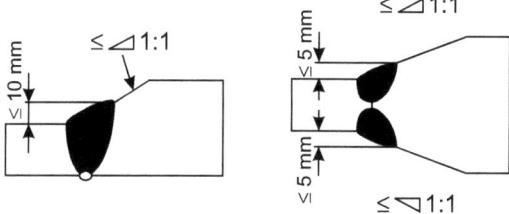

Bild 2-30. Brechen von Kanten bei Stumpfstößen von Querschnittsteilen mit unterschiedlichen Dicken [2-2].

Kehlnähte werden bei geschweißten Stahlkonstruktionen am häufigsten ver-wendet. Hinsichtlich der Kraftübertragung sind Kehlnähte jedoch den Stumpfnähten unterlegen, da der Kraftfluss ungünstiger ist.

Je nach Anordnung der Nähte werden Hals-, Flanken-, Stirn-, Eck- und Stegnähte unterschieden, Bild 2-31.

Bei Querschnittsteilen mit Dicken $t \geq 3$ mm sollen nach DIN 18800 Teil 1 folgende Grenzwerte für die Schweißnahtdicke a von Kehlnähten eingehalten werden:

$$2 \text{ mm} \leq a \leq 0{,}7 \times t_{min}. \tag{5}$$

In einigen Bereichen werden Mindestnahtdicken an Bauteilen vorgeschrieben. So beträgt die Mindestnahtdicke z. B. bei

- Stahlbauten: $a_{min} = 2{,}0$ mm (nach DIN 18 800)
- Fahrzeugbau: $a_{min} = 3{,}0$ mm (nach DS 952)
- Eisenbahnbrücken: $a_{min} = 3{,}5$ mm (nach DS 804)

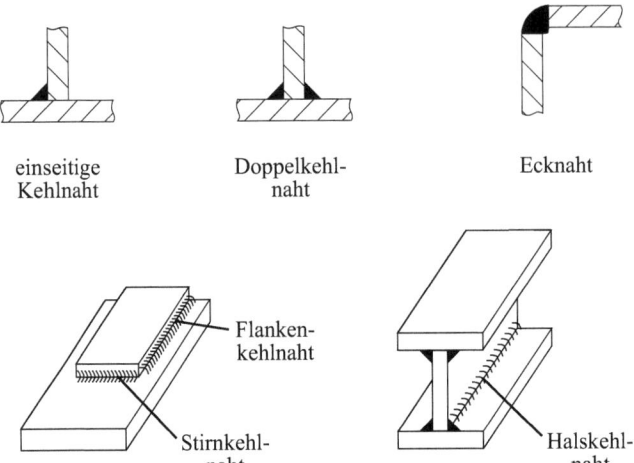

Bild 2-31. Kehlnähte.

Nahtausführungen sowie die Abmessungen der Nahtfuge werden betriebsintern oder nach Normen ausgewählt, wie z. B.

- DIN 8551 Teil 1: Fugenformen an Stahl; Gas-, Lichtbogenhand- und Schutzgasschweißen,
- Teil 4: Fugenformen an Stahl, Unterpulverschweißen
- DIN 8552 Teil 1: Fugenformen an Aluminium und Aluminiumlegierungen; Gasschweißen und Schutzgasschweißen

In Konstruktionszeichnungen bzw. Fertigungsplänen werden Schweißnähte nach DIN 1912 Teil 5 in bildlicher oder sinnbildlicher Form zeichnerisch dargestellt. Die entsprechenden Symbole kennzeichnen Form, Vorbereitung und Ausführung der Naht.

2.5 Fertigungsgerechte Gestaltung

Bild 2-32 zeigt die zu beachtenden Aspekte bei der fertigungsgerechten Gestaltung von Schweißkonstruktionen. Nahtvorbereitung, Nahtzugänglichkeit und Nahtausführbarkeit hängen vom ausgewählten Schweißverfahren ab. Gleiches gilt für die Nachbehandlung. So muss z. B. oftmals eine Wärmebehandlung nach dem Schweißprozess durchgeführt werden. Weitere, oft nach dem Schweißen erforderliche Nachbehandlungen sind spanende Bearbeitung und Oberflächenbeschichtung.

2.5 Fertigungsgerechte Gestaltung

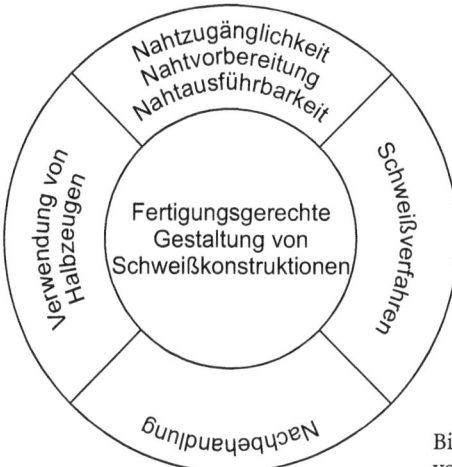

Bild 2-32. Fertigungsgerechte Gestaltung von Schweißkonstruktionen.

2.5.1 Nahtvorbereitung, Nahtzugänglichkeit, Nahtausführbarkeit

Die Nahtvorbereitung ist abhängig vom Schweißverfahren und von der Werkstückgeometrie. Bei einigen Schweißstößen ist eine Vorbereitung der Schweißfuge erforderlich.

Die Nahtvorbereitung kann durch mechanische Verfahren, wie z.B. Scheren, Drehen, Fräsen, Schweißkantenformen, Sägen, Hobeln und Schleifen, oder durch thermische Verfahren, wie z.B. Brennschneiden, Schmelzschneiden, Sublimierschneiden und Fugenhobeln erfolgen. Oftmals ist eine mangelhafte Schweißnahtvorbereitung die Ursache für schwerwiegende Fehler bei der Herstellung geschweißter Konstruktionen. Diese Fehler sind zum Beispiel schlechte Nahtgüte, Verzug oder Verwerfungen im Bauteil.

Kehlnähte erfordern in der Regel keine besonderen Nahtvorbereitungen. Bei Stumpfnähten hingegen muss eine sorgfältige Nahtvorbereitung erfolgen. Es müssen insbesondere Faktoren wie zum Beispiel Fügeteildicke, Stoßart, Schweißverfahren und -position sowie Fertigungsmöglichkeiten berücksichtigt werden.

Fugenformen und Schweißnahtvorbereitungen sind für die jeweiligen Schweißverfahren bzw. Werkstoffe in Normen festgelegt, z.B.

- DIN 8551 Teile 1 und 4: Schweißnahtvorbereitung; Fugenformen an Stahl, Gasschweißen, Lichtbogenhandschweißen und Schutzgasschweißen sowie Unterpulverschweißen
- DIN 8552 Teil 1: Schweißnahtvorbereitung; Fugenformen an Aluminium und Aluminiumlegierungen, Gasschweißen und Schutzgasschweißen

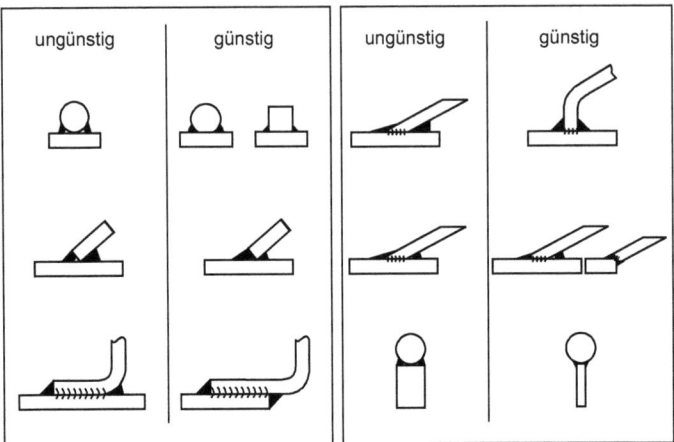

Bild 2-33. Ungünstige Fugenformen und deren Vermeidung.

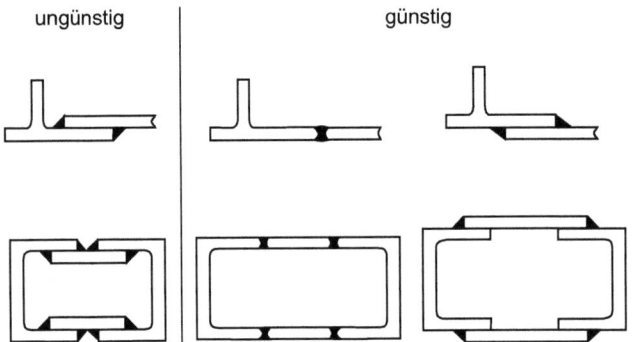

Bild 2-34. Ungünstige Schweißnahtanordnungen und deren Vermeidung.

Nahtzugänglichkeit und Nahtausführbarkeit sind vor allem von der konstruktiven Gestaltung des Bauteiles abhängig. Bild 2-33 zeigt im Hinblick auf die Fertigung günstige und ungünstige Fugenformen und in Bild 2-34 sind günstige und ungünstige Schweißnahtanordnungen dargestellt.

2.5.2 Schweißtechnische Konstruktion mit Halbzeugen

Es ist sinnvoll, bei einer Konstruktion Halbzeuge zu verwenden, um die Zahl der Fügestellen zu verringern. Dadurch werden Fertigungskosten minimiert, Fehlerquellen reduziert und häufig Qualitätsverbesserungen erzielt.

2.5.3 Schweißverfahren

Das Schweißverfahren muss im Hinblick auf die Anforderungen an die Qualität, der Werkstoffauswahl und der Wirtschaftlichkeit ausgewählt werden.

Die Wirtschaftlichkeit des Schweißverfahrens ist vor allem von seiner Abschmelzleistung abhängig. Typische Abschmelzleistungen sind z. B. für Wolfram-Inertgas Schweißen 600–700 g/h, Metall-Inertgas Schweißen 3–15 kg/h und Elektroschlacke Schweißen 50 kg/h. Bei der Verfahrensauswahl muss ebenfalls beachtet werden, ob geeignete Geräte, eine geeignete Peripherie (Wendeeinrichtung, Kran, Glühofen, etc.) und qualifiziertes Personal vorhanden ist. Zuletzt ist das Verfahren auch von der Lage (Wannenlage oder Zwangsposition) und der Zugänglichkeit der Schweißnaht abhängig.

Ein weiterer Aspekt bei der Gestaltung von Schweißkonstruktionen ist die Frage, wo das Bauteil geschweißt werden kann. Oft können Bauteile bzw. Bauteilgruppen nur im Baustellenbetrieb verbunden werden. Dies muss in jedem Fall bei der fertigungsgerechten Gestaltung und damit bei der Auswahl des Schweißverfahrens berücksichtigt werden.

Im Buch „Schweißtechnische Fertigungsverfahren I" werden die einzelnen Schweißverfahren sowie geeignete Vor- und Nachbehandlungsmethoden beschrieben. Daher wird an dieser Stelle auf eine detaillierte Ausführung verzichtet.

2.5.4 Schweißfolgeplan

Durch die beim Schweißen in das Bauteil örtlich begrenzt eingebrachte Wärme werden Dehnungen verursacht, die im umgebenden kalten Material in der Schweißzone Stauchungen hervorrufen. Die gestauchten Bereiche schrumpfen bei der Abkühlung der Schweißnaht und führen erneut zu Behinderungen, die als Schrumpfspannungen bzw. Schweißeigenspannungen und Verzug bzw. Schrumpfungen charakterisiert werden können. Die Schweißeigenspannungen bzw. der Verzug hängen im wesentlichen von der Wärmeeinbringung, der Wärmeableitung und der Schrumpfbehinderung ab. Liegt zum Beispiel eine günstige Schrumpfungsmöglichkeit vor, entstehen nur geringe Verspannungen und damit geringe Schweißeigenspannungen.

Durch das Aufstellen eines schweißtechnischen Fertigungsplans, dem sogenannten Schweißplan, können durch eine geschickte Reihenfolge der einzelnen Arbeitsschritte Schrumpfungen und Schweißeigenspannungen minimiert werden. Ein Teil des Schweißplans ist der Schweißfolgeplan. Er besteht aus einem Zeichnungsteil und einem Textteil, in dem der gesamte Schweißablauf bzw. die Ablauffolge der einzelnen, durchzuführenden Schweißarbeiten chronologisch aufgelistet ist. Im Schweißfolgeplan werden zudem die Schweißverfahren, die Zusatzwerkstoffe, die Schweißpositionen, sowie der Schweißnahtlagenaufbau festgelegt.

Es gelten folgende Grundregeln für das Festlegen der Schweißfolge:

- Möglichst wenig Wärme und möglichst wenig Schweißgut einbringen. Ausnahme bilden rissanfällige Werkstoffe, da diese in der Regel vor- bzw. nachgewärmt werden müssen.
- Eine große, komplexe Konstruktion in sinnvolle, zuerst zu verschweißende Baugruppen unterteilen (Sektionsbauweise).
- Die Nähte, die das Bauteil am meisten versteifen, zuletzt schweißen, damit das Bauteil möglichst lange ungehindert schrumpfen kann.
- Zuerst Stumpfnähte, dann Kehlnähte schweißen, Bild 2-35.
- Symmetrisch von der Mitte nach außen schweißen. Ausnahme bildet das vollautomatisierte Schweißen.
- Zuerst die kurzen Nähte, dann die langen durchlaufenden Nähte von der Mitte nach außen schweißen, Bild 2-36.
- Erst Längsnähte, dann Rundnähte schweißen, Bild 2-37.
- Nach Möglichkeit zuerst die im Zugbereich liegenden, dann die im Schub- und Druckbereich liegenden Nähte schweißen.

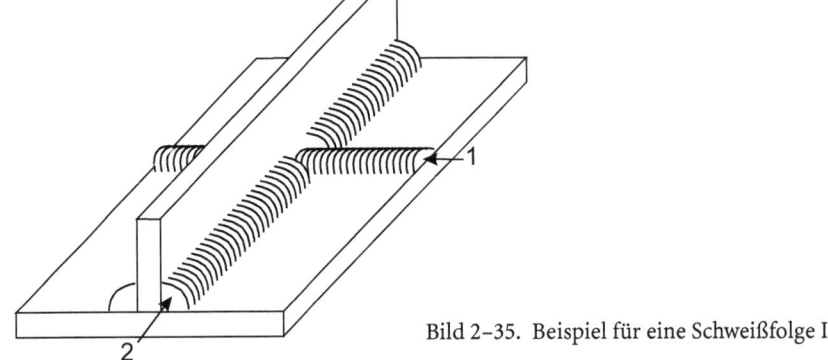

Bild 2-35. Beispiel für eine Schweißfolge I.

2.5 Fertigungsgerechte Gestaltung

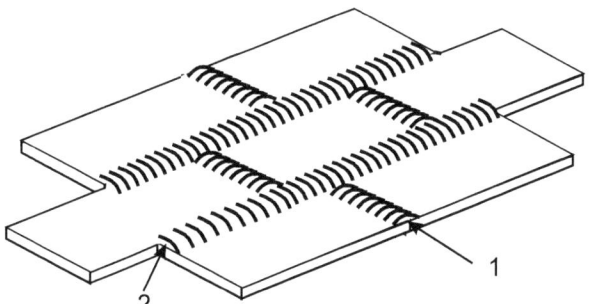

Bild 2–36. Beispiel für eine Schweißfolge II.

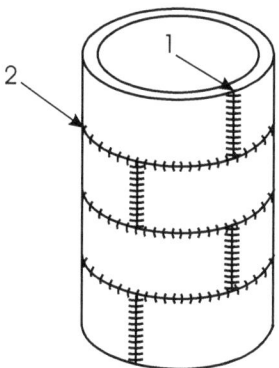

Bild 2–37. Beispiel für eine Schweißfolge III.

3 Festigkeit von Schweißkonstruktionen

Die Funktion eines Bauteils kann während des Betriebs beeinträchtigt werden. Im schlimmsten Fall kann es zum Ausfall des Bauteils kommen. Mögliche Ursachen für den Ausfall sind z.b. die Verwendung ungeeigneter Werkstoffe, eine falsche Berechnung, eine unsachgemäße Fertigung oder aber eine unsachgemäße Nutzung des Bauteils. In der Regel entstehen Schäden jedoch nicht aufgrund einer Ursache allein, sondern sind auf das Zusammentreffen mehrerer ungünstiger Umstände zurückzuführen.

Das Versagen eines Bauteils kann durch unzulässig großen Verformungen oder Dehnungen, durch Auftreten eines Bruchs oder durch Instabilwerden, wie z.B. Knicken oder Beulen, eintreffen. Die für ein Bauteilversagen maßgebenden Werkstoffkennwerte sind abhängig von folgenden Faktoren:

– Spannungszustand, ein-, zwei- oder dreiachsig
– Spannungsart, Zug-, Druck- oder Schubspannung
– Belastungszustand, statisch oder dynamisch
– Betriebstemperatur
– Oberflächenbeschaffenheit des Bauteils

Ein Bauteil kann verschiedenen Spannungszuständen unterworfen sein, Bild 3-1. Ein einachsiger Spannungszustand liegt vor, wenn an einem quaderförmigen Element eine Normalspannung angreift. Treten in einer Ebene Spannungen auf, dann liegt ein ebener bzw. zweiachsiger Spannungszustand vor. Treten in drei senkrecht zueinander liegenden Ebenen Spannungen auf, besteht ein räumlicher bzw. dreiachsiger Spannungszustand.

Alle drei Spannungszustände lassen sich durch den Mohrschen Spannungskreis darstellen Bild 3-2. Die von den Hauptspannungen σ_1, σ_2 bzw. σ_3 abweichenden, denkbaren Spannungspunkte liegen beim ebenen Spannungszustand auf der Umfangslinie des entsprechenden Mohrschen Kreises, beim räumlichen Spannungszustand befinden sie sich in der schraffierten Fläche.

Der Mohrsche Spannungskreis verdeutlicht die Vielfalt der möglichen Spannungszusammensetzungen und damit die Problematik der Mehrachsigkeit von Spannungszuständen.

3.1 Festigkeitshypothesen

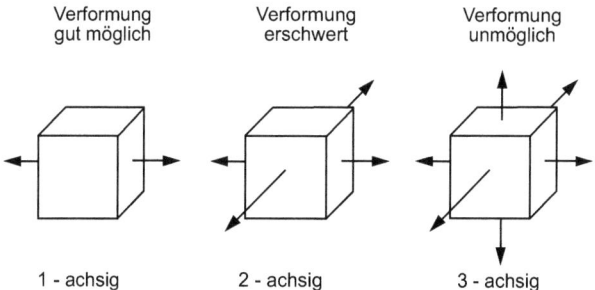

Bild 3-1. Ein-, zwei- und dreiachsige Spannungszustände.

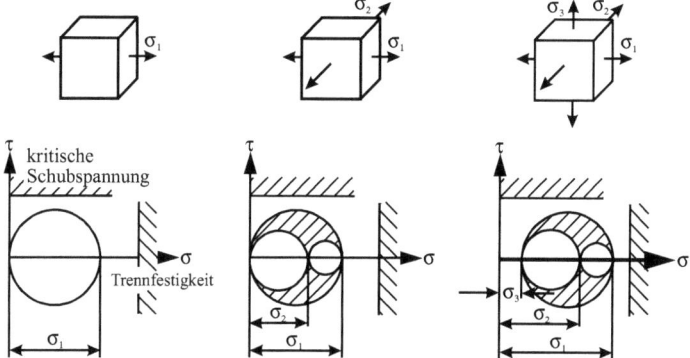

Bild 3-2. Mohrscher Spannungskreis in Abhängigkeit vom Spannungszustand.

Da für mehrachsige Spannungszustände im allgemeinen keine Werkstoffkennwerte vorliegen, muss eine Rückführung auf eine einachsige Vergleichsspannung vorgenommen werden. Dazu wurden zum Vergleich eines mehrachsig beanspruchten Bauteils mit einem einachsigen Beanspruchungsfall sogenannte Festigkeitshypothesen aufgestellt.

3.1 Festigkeitshypothesen

3.1.1 Normalspannungshypothese

Wird angenommen, dass mit einem Trennbruch senkrecht zur Hauptzugspannung zu rechnen ist, d.h. für die Materialbeanspruchung die größte Normalspannung maßgeblich ist, dann ist die Normalspannungshypothese anzuwenden. In der Regel wird sie zur Berechnung von spröden Werkstoffen, wie z. B. Grauguss, eingesetzt. Weiterhin findet sie Anwendung bei geschweißten Konstruktionen und wenn der Spannungszustand die Verformungsmöglichkeit des Werkstoffs einschränkt, z. B. bei dreiachsiger Zugbeanspruchung oder bei stoßartiger Beanspruchung.

Als Vergleichsspannung σ_V wird die größte auftretende Normalspannung σ_{max} angesehen. Für die einzelnen Spannungszustände gelten die folgenden Ansätze für die Vergleichsspannung:

1. einachsig

eine Normalspannung σ_1

$$\sigma_V = \sigma_1 \tag{6}$$

reiner Schub

$$\sigma_V = \tau \tag{7}$$

2. zweiachsig

Biegung und Schub (als Sonderfall des ebenen Spannungszustands)

$$\sigma_V = 0{,}5\,\sigma + 0{,}5\,\sqrt{\sigma^2 + 4\tau^2} \tag{8}$$

zwei Normalspannungen ($\sigma_1 \geq \sigma_2$)

$$\sigma_V = \sigma_1 \tag{9}$$

zwei Normalspannungen und eine Schubspannung

$$\sigma_V = 0{,}5\,(\sigma_1 + \sigma_2) + 0{,}5\,\sqrt{(\sigma_1 - \sigma_2) + 4\tau^2} \tag{10}$$

3. dreiachsig

drei Normalspannungen

$$\sigma_1 > |\sigma_2| > \sigma_3$$

$$\sigma_v = \sigma_1 \tag{11}$$

drei Normal- und Schubspannungen

Auf eine formelmäßige Darstellung wird wegen des Umfangs und der Unübersichtlichkeit an dieser Stelle verzichtet.

3.1.2 Schubspannungshypothese

Bei der Annahme, dass die Materialbeanspruchung durch die maximale Schubspannung charakterisiert werden kann, d. h. dass Hauptschubspan-

3.1 Festigkeitshypothesen

nungen zum Versagen durch Gleitbruch führen, ist die Schubspannungshypothese anzuwenden. Insbesondere bei statischer Zug- und Druckbeanspruchung verformbarer Werkstoffe sowie bei Druckbeanspruchung spröder Werkstoffe kann mit diesem Versagen gerechnet werden.

Als Vergleichsspannung σ_V wird die maximale Schubspannung τ_{max} angesehen, bzw. die Differenz aus größter und kleinster Normalspannung

$$2\tau_{max} = \sigma_1 - \sigma_3 = \sigma_v \qquad (12)$$

1. einachsig

eine Normalspannung σ_1

$$\sigma_V = \sigma_1 \qquad (13)$$

reiner Schub

$$\sigma_V = 2\tau \qquad (14)$$

2. zweiachsig

Biegung und Schub (als Sonderfall des ebenen Spannungszustands)

$$\sigma_V = \sqrt{\sigma^2 + 4\tau^2} \qquad (15)$$

zwei Normalspannungen

1. $\sigma_1 > 0 > \sigma_2$
$$\sigma_V = \sigma_1 - \sigma_2 \qquad (16)$$

2. $\sigma_1 > \sigma_2 > 0$
$$\sigma_V = \sigma_1 \qquad (17)$$

3. $0 > \sigma_1 > \sigma_2$
$$\sigma_V = -\sigma_2 \qquad (18)$$

zwei Normalspannungen und eine Schubspannung

für 1.) $\sigma_V = \sqrt{(\sigma_1 - \sigma_2)^2 + 4\tau^2} \qquad (19)$

für 2.) $\sigma_V = 0{,}5\,(\sigma_1 + \sigma_2) + 0{,}5\sqrt{(\sigma_1 - \sigma_2)^2 + 4\tau^2} \qquad (20)$

für 3.) $\sigma_V = -\,[0{,}5\,(\sigma_1 + \sigma_2) + 0{,}5\sqrt{(\sigma_1 - \sigma_2)^2 + 4\tau^2}\,] \qquad (21)$

3. dreiachsig

drei Normalspannungen

$\sigma_1 > \sigma_2 > \sigma_3$
$$\sigma_V = \sigma_1 - \sigma_3 \qquad (22)$$

3.1.3 Gestaltänderungshypothese

Die Gestaltänderungshypothese gilt für verformbare Werkstoffe, die bei Auftreten plastischer Deformationen versagen sowie für schwingend beanspruchte Bauteile, die durch Dauerbruch versagen. Sie vergleicht die zur Gestaltänderung aufgrund von Gleitungen zu Beginn des Fließens erforderlichen Arbeiten beim einachsigen und mehrachsigen Spannungszustand. Als Vergleichsspannung wird die Arbeit angesehen, die zu einer Gestaltänderung führt. Die Formänderungsarbeit A ergibt sich aus der Summe der Volumenänderungsarbeit A_V und der Gestaltänderungsarbeit A_G:

$$A = A_V + A_G \tag{23}$$

$$\sqrt{6GA_G} = \sigma_V \tag{24}$$

Für Werkstoffe mit plastischem Verformungsvermögen ist die Hypothese auf der Grundlage von A_G als vollkommen genügend definiert worden:

G: Gleitmodul

$$\sigma = \sigma_1 \tag{25}$$

1. einachsig

eine Normalspannung σ_1

reiner Schub

$$\sigma_V = \sqrt{3}\tau = 1{,}732\tau \tag{26}$$

2. zweiachsig

$$\sigma_V = \sqrt{\sigma^2 + 3\tau^2} \tag{27}$$

Biegung und Schub (als Sonderfall des ebenen Spannungszustands)

$$\sigma_V = \sqrt{\sigma_1^2 + \sigma_2^2 - \sigma_1\sigma_2} \tag{28}$$

zwei Normalspannungen

zwei Normalspannungen und eine Schubspannung

3. dreiachsig

$$\sigma_V = \sqrt{\sigma_1^2 + \sigma_2^2 - \sigma_1\sigma_2 + 3\tau^2} \tag{29}$$

$$\sigma_V = \sqrt{\sigma_1^2 + \sigma_2^2 + \sigma_3^2 - \sigma_1\sigma_2 - \sigma_2\sigma_3 - \sigma_3\sigma_1} \tag{30}$$

drei Normalspannungen

3.1 Festigkeitshypothesen

Die unter Kapitel 3.1.1 bis 3.1.3 dargestellten Festigkeitshypothesen werden vorwiegend für die Berechnung von Schweißverbindungen im linearen oder ebenen bzw. einachsigen und zweiachsigen Spannungszustand verwendet.

Im Folgenden sind die Festigkeitshypothesen und Vergleichsspannung für den Fall Biegung und Schub zusammengefasst:

Normalspannungshypothese

$$\sigma_V = 0{,}5\,(\sigma \pm \sqrt{\sigma^2 + 4\tau^2}) \tag{31}$$

Schubspannungshypothese

$$\sigma_V = \sqrt{\sigma^2 + 4\tau^2} \tag{32}$$

Gestaltänderungshypothese

$$\sigma_V = \sqrt{\sigma^2 + 3\tau^2} \tag{33}$$

In Bild 3-3 sind die Grenzkurven der verschiedenen Hypothesen für den einachsigen Spannungszustand und den Fall Biegung und Schub dargestellt.

Bild 3-4 zeigt die Grenzkurven für einen zweiachsigen Spannungszustand mit den Normalspannungen σ_1 und σ_2 bei statischer Beanspruchung.

Nach der Normalspannungshypothese sind alle Spannungszustände erlaubt, die sich innerhalb des Rechtecks befinden. Nach der Schubspannungshypothese sind die Zustände erlaubt, die in der Fläche des Sechsecks

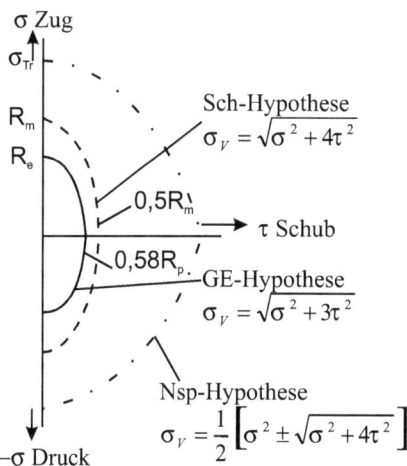

Bild 3-3. Festigkeitshypothesen für den einachsigen Spannungszustand bei statischer Beanspruchung durch Normal- und Schubspannungen.

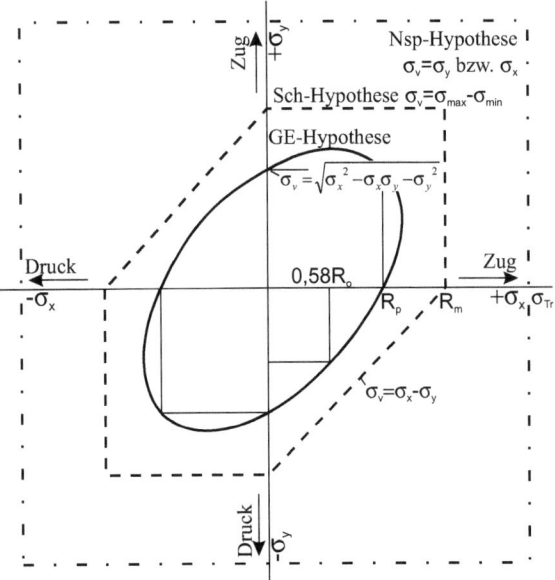

Bild 3-4. Festigkeitshypothesen für den zweiachsigen Spannungszustand bei statischer Beanspruchung durch Normal- und Schubspannungen.

liegen und nach der Gestaltänderungshypothese diejenigen, die sich in der Ellipse befinden.

Durch Versuche kann das Werkstoffverhalten ermittelt werden. Damit kann festgelegt werden, welche Hypothese das Werkstoffverhalten am besten beschreibt.

Manchmal werden die auf das Bauteil während der Nutzung einwirkenden Faktoren nicht in die Gestaltung und Auslegungsrechnung mit einbezogen bzw. sie sind oft nicht ausreichend bekannt. In solchen Fällen kann es zu einem Versagen der Konstruktion einzelner Komponenten kommen.

Im Folgenden sind einige solcher Fehler- und Versagensmöglichkeiten von Schweißkonstruktionen aufgeführt.

3.2 Stabilitätsprobleme

Stabilitätsprobleme können vor allem bei schlanken, dünnwandigen Bauteilen auftreten. Es werden durch Knicken, Kippen oder Beulen verursachte Instabilitäten unterschieden, Bild 3-5.

3.2 Stabilitätsprobleme

	Knicken	Kippen	Beulen
Beispiel	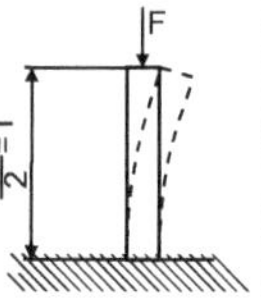	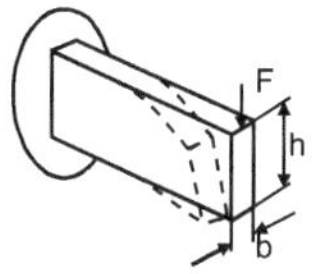	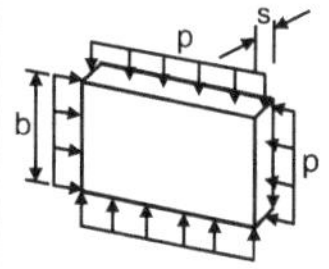
Kennzeichen	$\dfrac{s_k}{i_{min}} \gg 1$	$\dfrac{h}{b} \gg 1$	$\dfrac{b}{s} \gg 1$
maßgebender Steifigkeitswert	Biegesteifigkeit	Biege- und Torsionssteifigkeit	Blechdicke

Bild 3-5. Instabilitäten schlanker und dünnwandiger Bauteile.

3.2.1 Knicken

Knicken ist ein instabiles Versagen von Stäben oder Stabwerken, die sich dabei in beliebiger Richtung ausbiegen oder sich um ihre Längsachse verdrehen. Biegt sich der Stab um eine seiner Hauptachsen, liegt eine Biegeknickung vor.

Eine Knickung des Stabs kann nicht nur durch axiale Druckkräfte, sondern auch durch Drehmomente hervorgerufen werden. Dieser Fall wird als Drillknickung bezeichnet, Bild 3-6. Wirkt ein kritisches Drehmoment M_{kr} an einem Stab, knickt er räumlich aus. Dabei geht seine Achse bei gleichbleibendem Kreisquerschnitt in eine Schraubenkurve über.

Beide Arten der Knickung können gleichzeitig auftreten. Dieser Fall wird als Biegedrillknickung bezeichnet.

Für die Knickung im elastischen Bereich wurden nach Euler vier Fälle aufgestellt, Bild 3-7.

Für den geraden, zentrisch durch eine Druckkraft belasteten Stab, der an beiden Enden gelenkig gelagert ist (Euler-Fall II), ergibt sich aus den

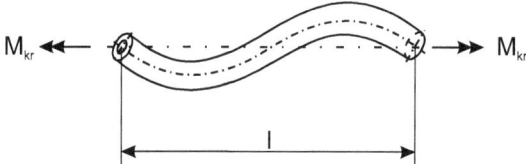

Bild 3-6. Drillknickung.

	Eulerfall I	Eulerfall II	Eulerfall III	Eulerfall IV
$\varepsilon = a \times l$ $a^2 = \dfrac{F_k}{EI}$ WP: Wendepunkt	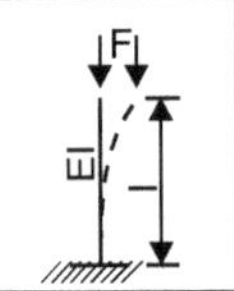	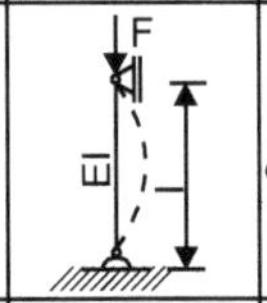	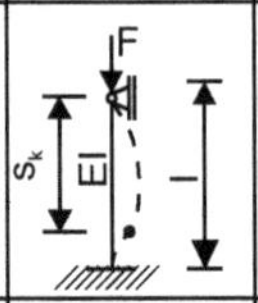	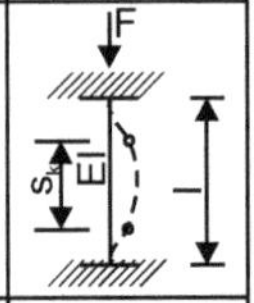
Knick-bedingung	$\cos\varepsilon = 0$	Ersatzstab $\sin\varepsilon = 0$	$\dfrac{\varepsilon}{\tan\varepsilon} = 1$	$\cos\varepsilon = 1$
kleinster Eigenwert ε	$\varepsilon = \dfrac{\pi}{2}$	$\varepsilon = \pi$	$\varepsilon = \dfrac{\pi}{0{,}699}$	$\varepsilon = 2\pi$
Knicklänge s_k	$2l$	l	$0{,}7l$	$0{,}5l$
kritische Last F	$\dfrac{F}{4}$	$F = \dfrac{\pi^2 EI}{l^2}$	$-2F$	$4F$

Bild 3-7. Euler-Fälle.

Gleichgewichts- und Lagerungsbedingungen am verformten Stab sowie der Differentialgleichung der Biegelinie die kritische Druckkraft

$$F_{\mathrm{kr}} = \frac{\pi^2 EJ}{l^2} \qquad (34)$$

mit

E: Elastizitätsmodul
J: Äquatoriale Flächenträgheitsmoment
l: Stablänge

Mit der Querschnittsfläche A, dem Trägheitsradius

$$i = \sqrt{\frac{J}{A}} \qquad (35)$$

und dem Schlankheitsgrad

$$\lambda = \frac{l}{i} \qquad (36)$$

folgt als kritische Knickspannung

$$\sigma_{\mathrm{kr}} = \frac{\pi^2 E}{\lambda^2} \qquad (37)$$

Je nach Lagerung bzw. Einspannung des Stabs werden neben dem Euler-Fall II, der auch als Grundfall bezeichnet wird, noch drei weitere Euler-Fälle unterschieden, Bild 3-7.

Erfolgt eine Knickung im unelastischen Bereich, kann eine praktische Berechnung z. B. nach der Tetmajer-Methode erfolgen. Auf eine Darstellung dieser Methode wird in diesem Buch verzichtet.

Für Stäbe und Stabwerke ist, bis auf wenige Ausnahmen, der Nachweis der Biegeknicksicherheit und der Biegedrillknicksicherheit nach DIN 18 800 Teil 2 zu führen.

3.2.2 Kippen

Ein Balken kippt, wenn er mit einer entsprechend großen Querkraft und damit einem kritischen Biegemoment beaufschlagt wird.

Zum Kippen neigen vor allem Bauteile mit Querschnitten, die sehr unterschiedliche äquatoriale Flächenträgheitsmomente besitzen. Dazu zählen z. B. schmale, hohe I-Träger, schmale Rechtecke sowie Ellipsen mit sehr unterschiedlichen Halbachsen.

Die Kippsicherheit eines Trägers kann durch Maßnahmen erhöht werden, die eine Verdrillung und seitliche Ausbiegung verhindern, z. B. durch das Anbringen von Quer- und Längsverbänden.

3.2.3 Beulen

Das Ausknicken von Platten, Schalen und Rohren wird als Beulen bezeichnet. Es entsteht z.B. in dünnen Blechen, die sich beim Einschweißen in Rahmen verziehen. Abhilfe können Längsversteifungen schaffen, die an den bekannten Beulstellen angebracht werden. Bei Stahlbauten ist für Stegbleche von Trägern eine ausreichende Sicherheit gegen Ausbeulen gemäß DIN 18 800 Teil 3 nachzuweisen.

3.3 Unzulässige Verformung

Das elastische und plastische Verformungsverhalten eines Werkstoffs unter einachsigem Zug kann aus dem Spannungs-Dehnungs-Diagramm entnommen werden (vgl. Bild 2-19). In Bild 3-8 ist die elastische und plastische Verformung schematisch dargestellt.

Der Mechanismus der plastischen Verformung besteht darin, dass Gitterfehlstellen unter dem Einfluss von Schubspannungen einer bestimmten Höhe längs der Gleitebenen wandern.

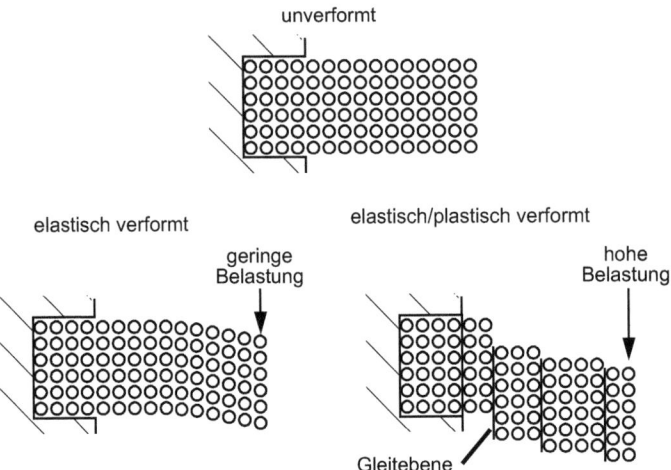

Bild 3-8. Elastische/Plastische Verformung.

Das Verformungsverhalten eines Werkstoffs ist abhängig von seiner Wärmebehandlung und damit seiner Festigkeit. Je höher die Festigkeit eines Stahls wird, desto geringer ist das plastische Verformungsvermögen. Dabei spielt es keine Rolle, ob die Festigkeit planmäßig durch Legieren oder durch unbeabsichtigte Aufhärtung gesteigert wurde. Bild 3-9 zeigt das Verformungsverhalten einiger Werkstoffe.

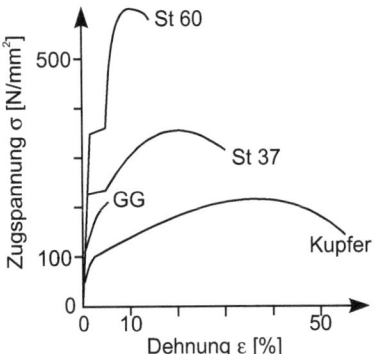

Bild 3-9. Spannungs-Dehnungs-Kurven verschiedener Werkstoffe.

3.4 Brucharten

3.4.1 Gewaltbruch

Gewaltbrüche sind Verformungsbrüche und treten bei statischer Überlastung auf. Ein Gewaltbruch kann verschiedene Ursachen haben, wie z. B. eine falsche Lastannahme, witterungsbedingte Überlastung durch Schnee oder Wind sowie Abrostung des ursprünglichen Querschnitts. Der Bruch kann entweder nach einmaliger Überlastung oder durch vorangegangene Werkstoffverfestigung durch wiederholte Beanspruchung auftreten. Der Gewaltbruch ist eine Sonderform sowohl des Sprödbruchs als auch des Dauerbruchs. Das Bruchbild weist die charakteristischen Merkmale eines Verformungs- bzw. eines Sprödbruchs auf.

In Bild 3-10 sind mögliche Bruchformen dargestellt. Der Trennbruch erfolgt wie der Sprödbruch ohne sichtbare Ankündigung. Er tritt in der Regel senkrecht zur größten Normalspannung bei kubisch raumzentrierten Werkstoffgitterstrukturen auf. Ein reiner Scherbruch ist typisch für niedriglegierte, duktile Stähle. Bei gut verformbaren, reinen Metallen erfolgt eine Einschnürung bis zu einem Punkt. Zähe Werkstoffe bilden neben einer Einschnürung Scherlippen aus.

3.4.2 Zeitstandbruch

Als Zeitstandbruch wird das Versagen durch Kriechvorgänge bezeichnet. Kriechen ist eine zeitabhängige Dehnungszunahme bei einer konstanten Spannung. Dabei wird eine plastische Verformung bei ruhender, konstanter Belastung und erhöhter Temperatur bzw. konstanter Wärmeeinbringung hervorgerufen, Bild 3-11.

Der Kriechvorgang lässt sich in drei Bereiche einteilen. Im ersten Bereich, dem Übergangskriechen, findet eine plastische Verformung und damit eine weitere Verfestigung statt, die Kriechgeschwindigkeit sinkt. Darauf folgt ein

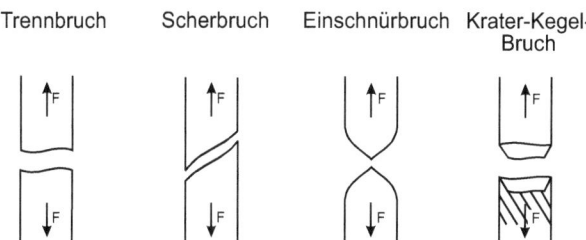

Bild 3-10. Verschiedene Gewaltbruchflächen.

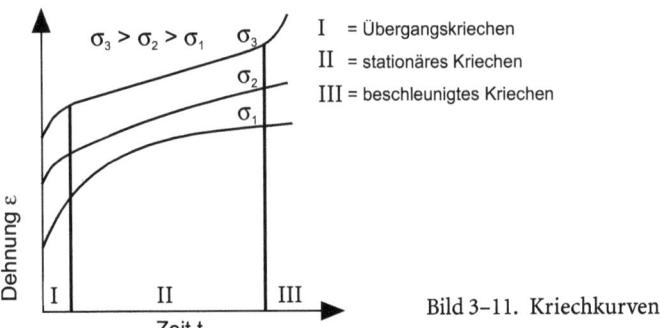

Bild 3-11. Kriechkurven.

Bereich des stationären Kriechens. Die Anzahl der erzeugten und der kompensierten Versetzungen ist nahezu gleich groß. Die Kriechgeschwindigkeit steigt für eine gewisse Zeit nur sehr schwach an, bis im dritten Bereich wiederum eine Entfestigung einsetzt und ein beschleunigter Kriechvorgang vorliegt. Dieser führt zu einer beginnenden Einschnürung bzw. zum Beginn einer Rissausbreitung.

3.4.3 Sprödbruch

Ein Sprödbruch ist ein verformungsloser Bruch, der im wesentlichen im elastischen Bereich des Werkstoffs auftritt. Der Bruch erfolgt in der Regel ohne sichtbare plastische Verformung. Ein Sprödbruch wird durch folgende Faktoren begünstigt:

- Spannungsspitzen, hervorgerufen durch Kerben oder Steifigkeitssprünge
- Werkstoffungänzen, wie z.B. Seigerungen, Aufhärtungen oder nichtmetallische Einschlüsse
- Unsachgemäße Auslegung der Konstruktion im Hinblick auf das Werkstoffverhalten unter Einfluss von Temperatur und Belastungsgeschwindigkeit
- Änderung der Eigensprödigkeit des Werkstoffs, hervorgerufen durch Alterung, durch Vorbeanspruchung durch dynamische Vorbelastung oder durch ein umgebendes Medium
- Vorhandensein von Eigenspannungen nach der Formgebung oder nach dem Schweißen
- Tiefe Temperaturen
- Geringe Grundzähigkeit des Werkstoffs

Bild 3-12 zeigt zusammenfassend die Ursachen, die zum Sprödbruch führen.

3.4 Brucharten

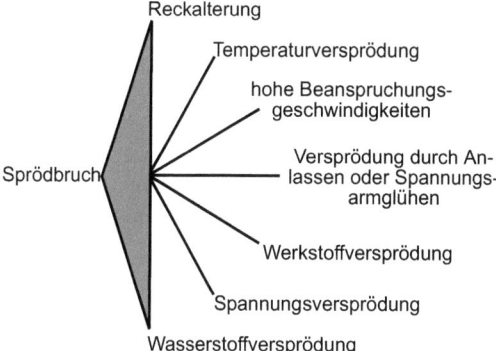

Bild 3-12. Ursachen für Sprödbruch.

3.4.4 Terrassenbruch

Terrassenbrüche können bei Walzerzeugnissen, wie z.B. bei Blechen oder Flachstählen auftreten, die in Dickenrichtung beansprucht werden. Bei geschweißten Konstruktionen z. B. kann ein Terrassenbruch durch Schweißeigenspannungen entstehen, die in Dickenrichtung der Walzprodukte Zugspannungen erzeugen. Ursache für die geringere Beanspruchbarkeit der Walzerzeugnisse in Dickenrichtung sind schichtweise eingewalzte nichtmetallische Einschlüsse, wie z.B. Sulfide, Silikate und Oxide.

Bild 3-13 zeigt eine terrassenbruchauslösende Konstruktion. Durch Einschweißen eines Schmiedeteils im Knotenpunkt kann ein Terrassenbruch in diesem Fall vermieden werden.

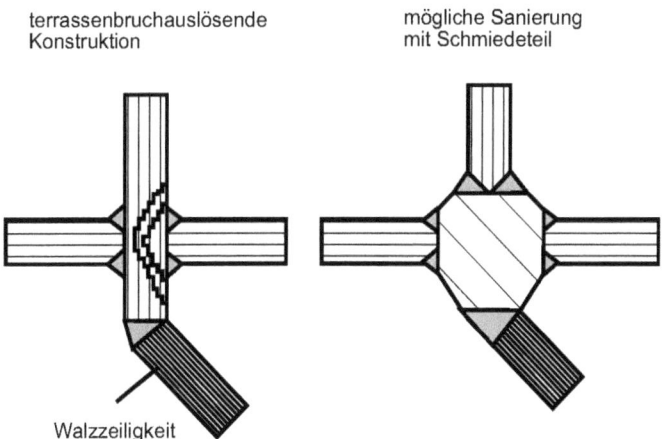

Bild 3-13. Terrassenbruchauslösende Konstruktion und mögliche Sanierung.

3.4.5 Dauerbruch

Während die Festigkeitsberechnung ruhend belasteter Bauteile auf Tragsicherheitsbeiwerten bezüglich der Streckgrenze des eingesetzten Werkstoffs beruht, tritt bei dynamischen Belastungen in Abhängigkeit von Belastungsart und Häufigkeit der Beanspruchung im allgemeinen ein Versagen des Bauteils vor Erreichen der unter statischer Last zulässigen Spannungen ein. Dieses Versagen wird als Dauerbruch bezeichnet. Einen großen Einfluss haben ebenfalls die folgenden Faktoren:

- Form der Konstruktion
  Einige Konstruktionsformen, wie z.B. Querschnittsübergänge, können erhebliche Spannungserhöhungen hervorrufen. Diese Spannungsspitzen überschreiten dann bei dynamischer Belastung die Dauerfestigkeit; es kommt zu einem kleinen Anriss, der oft zum Dauerbruch führt. Dabei übt die Frequenz der Lastwechsel im allgemeinen kaum einen Einfluss auf die Dauerfestigkeit aus.
- Kerbwirkung
  Die Kerbwirkung kann durch das Einbringen von Entlastungskerben, Ausrundung von Querschnittsübergängen und Bearbeitung der Schweißnahtübergänge vermindert werden.
- Unterschiedliche Oberflächenzustände der Werkstücke führen zu einem unterschiedlichen Kerbwirkungsverhalten. Der Abfall der Dauerfestigkeit bei einer Wechselbeanspruchung wird mit abnehmender Oberflächengüte deutlich größer, Bild 3-14.

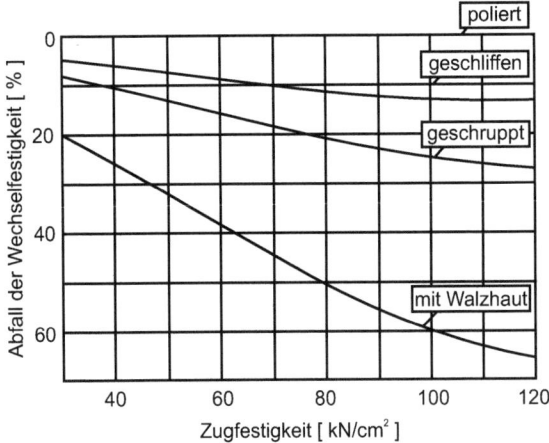

Bild 3-14. Einfluss der Oberflächengüte auf die Dauerfestigkeit.

3.4 Brucharten

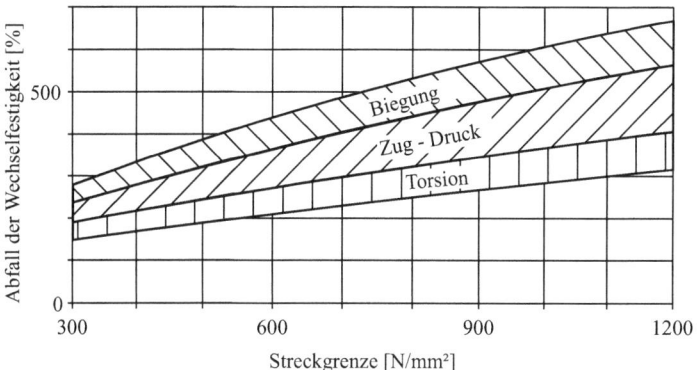

Bild 3-15. Einfluss der Dauerfestigkeit auf die Streckgrenze bei Vergütungsstählen.

- Korrosion
  Korrosion führt zu einer großen Abnahme der Dauerfestigkeit. Bei schwellender oder wechselnder Zugbeanspruchung ist die Korrosionsbelastung größer als bei Druckbeanspruchung, da durch entstehende Gefügelücken die Kapillarwirkung begünstigt wird. Strömendes Wasser, wie z. B. Kühlwasser, kann die Dauerfestigkeit um etwa 40 % mindern, Salzwasser und Laugen können die Dauerfestigkeit je nach Konzentration um 50 bis 60 % verringern.
- Werkstofffestigkeit
  Bild 3-15 zeigt den Einfluss der Werkstofffestigkeit auf die Dauerfestigkeit bei einer Wechselbeanspruchung. Die Wechselfestigkeit steigt bei einer Verdopplung der Streckgrenze bei einer polierten Probe nur um den Faktor 1,5 an.

Aufgrund der durch die beschriebenen Faktoren gegebenen Gefahr eines Dauerbruchs müssen bei der Berechnung von dynamisch belasteten Schweißkonstruktionen zwei Spannungsnachweise geführt werden: der allgemeine Spannungsnachweis und der Betriebsfestigkeitsnachweis (vgl. Kapitel 4.4).

Dauerbrüche können nach der Art ihrer Entstehung eingeteilt werden, Bild 3-16. Das Bruchbild weist auch bei duktilen Stählen eine glatte, sprödbruchartige Kontur auf. Häufig sind vom Ausgangspunkt des Bruchs ausgehend sogenannte Rastlinien zu sehen.

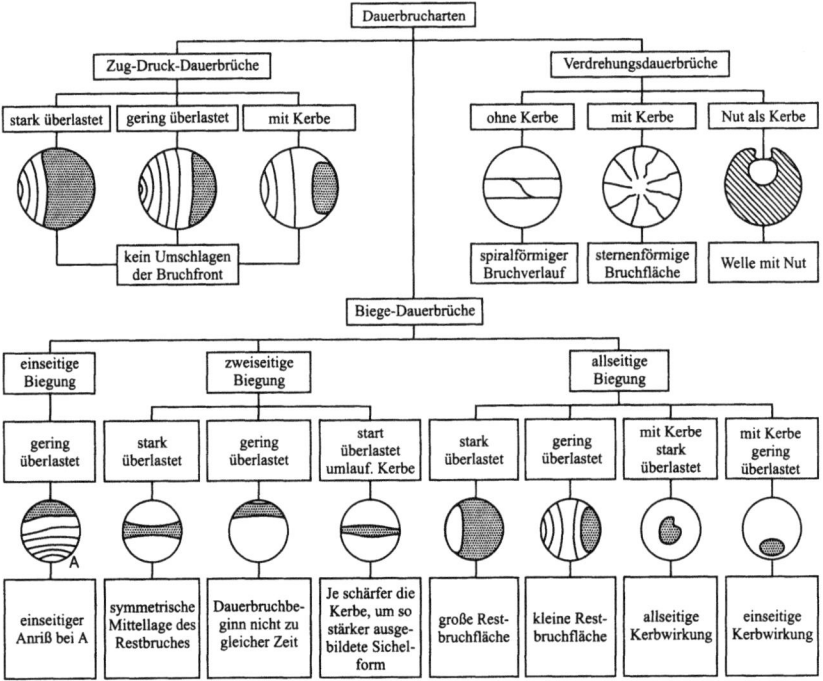

Bild 3-16. Einteilung der Dauerbrüche.

3.5 Korrosion

Korrosion ist die Schädigung eines metallischen Werkstoffs durch chemische oder elektrochemische Reaktion mit seiner Umgebung. Maßgebend für das Auftreten von Korrosion sind die chemische Zusammensetzung des Werkstoffs, der Gefügezustand, der Oberflächenzustand, die mechanische und thermische Beanspruchung, die Einwirkungsmöglichkeit des korrosiven Mediums und dieses selbst. Nach DIN 50 900 Teil 1 werden verschiedene Korrosionsarten unterschieden:

1. Korrosionsarten ohne zusätzliche mechanische Beanspruchung
   - Lochkorrosion
   - Spaltkorrosion
   - Interkristalline Korrosion
   - Berührungskorrosion
   - Selektive Korrosion
   - Stillstandskorrosion
   - Wasserstoffkorrosion

3.5 Korrosion

2. Korrosionsarten mit zusätzlicher mechanischer Beanspruchung
   - Spannungsrisskorrosion
   - Schwingungsrisskorrosion
   - Kavitationskorrosion
   - Tropfenschlagkorrosion

Im Folgenden werden einige typische Beispiele der Korrosion kurz beschrieben. Die Grundlagen der Korrosion werden ausführlich in „Schweißtechnische Fertigungsverfahren", Band II, Kapitel 6.3 dargestellt.

- Spaltkorrosion
  Haben korrosive Medien Zugang zu konstruktiven oder fertigungsbedingten Spalten, wie z.B. Bindefehler, Schlackeeinschlüsse oder Poren, dann besteht die Gefahr der Spaltkorrosion, Bild 3-17. Durch konstruktive Maßnahmen kann diese Art des Korrosionsangriffs eingeschränkt bzw. vermieden werden.
- Interkristalline Korrosion
  Bei legierten korrosionsbeständigen Stählen kann es in Abhängigkeit von Legierungsart und -menge sowie Gittertyp zu unerwünschten Ausscheidungen kommen. Die Ausscheidung von Chromcarbiden ist die weitaus gefährlichste Form der Ausscheidungen, da sie die Ursache für einen Kornzerfall und damit eine interkristalline Korrosion ist. Daher werden austenitische Stähle lösungsgeglüht und anschließend abgeschreckt. Durch das schnelle Abkühlen bleiben die Elemente zwangsgelöst und es kann keine Ausscheidung erfolgen. Erneute Wärmeeinbringung, z.B. durch Schweißen, kann jedoch wiederum Diffusionsvorgänge auslösen und damit zu Ausscheidungen führen.

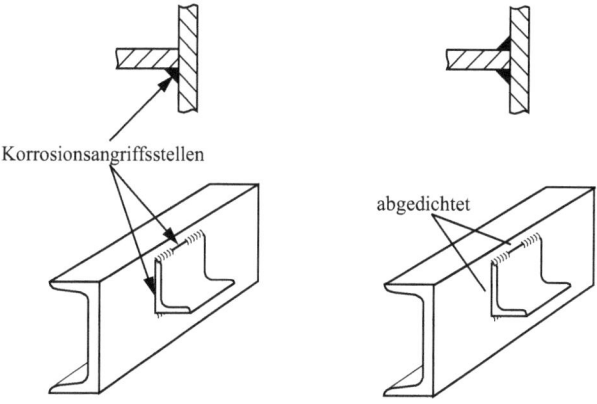

Bild 3-17. Beispiel für Spaltkorrosion und geeignete Abhilfemaßnahmen.

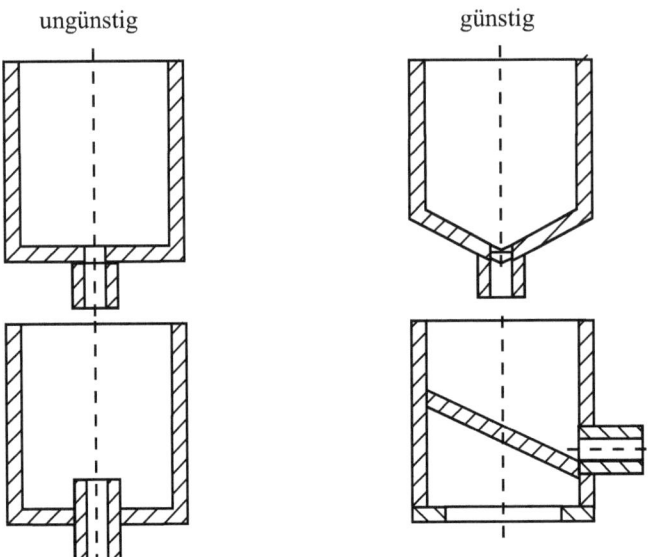

Bild 3-18. Beispiel für Stillstandskorrosion und geeignete Abhilfemaßnahmen.

- Stillstandskorrosion
  Können Behälter und Rohrleitungen nicht vollständig entleert werden, besteht die Gefahr der Korrosion. Abhilfe kann durch das Aufbringen von Beschichtungen oder durch konstruktive Maßnahmen geschaffen werden, Bild 3-18.
- Spannungsrisskorrosion
  Werden Konstruktionen gleichzeitig chemisch und mechanisch belastet, kann eine Spannungsrisskorrosion entstehen. Begünstigt wird die Spannungsrisskorrosion durch mehrachsigen Zug und Kerben. Schweißnähte sind daher nach Möglichkeit nicht an Querschnittsübergängen anzuordnen, da dann den Schweißeigenspannungen konstruktionsbedingte Kerbspannungen bei Belastung überlagert werden, Bild 3-19.

3.6 Verschleiß

Die Konstruktion von Schweißverbindungen muss auch im Hinblick auf eine gute Instandhaltungsmöglichkeit erfolgen. Die Instandhaltung schließt neben der Wartung und Inspektion auch die Instandsetzung mit ein. Dies bedeutet, dass die Konstruktion zum einen mit Komponenten ausgestattet werden muss, die als vorbeugende Maßnahme dem zu erwarten-

3.6 Verschleiß

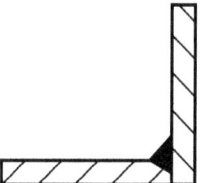
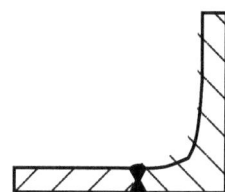

Trennung von Kraftumlenkung und Ort maximaler Schweißeigenspannungen

Bild 3-19. Beispiel für eine Maßnahme zur Vermeidung der Gefahr der Spannungsrisskorrosion.

den Verschleiß entgegenwirken können. Zum anderen müssen die verschleißgefährdeten Stellen so konstruiert sein, dass eine Instandsetzung gut möglich ist.

Bild 3-20 zeigt Gestaltungsmöglichkeiten für einen durch das Transportmedium stark verschleißbeanspruchten Rohrkrümmer. Möglichkeit A ist im Hinblick auf instandhaltungsgerechte Gestaltung ungünstig. Bei Möglichkeit B lässt sich der Krümmer durch die Flanschverbindung leicht auswechseln.

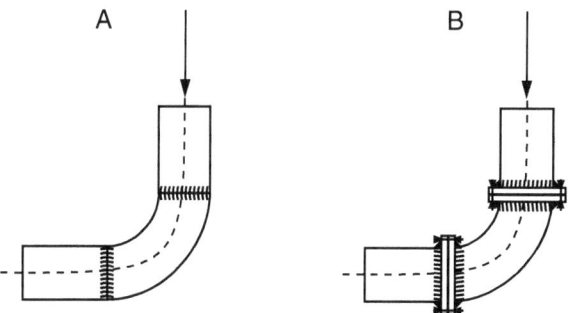

Bild 3-20. Gestaltungsmöglichkeiten für einen verschleißbeanspruchten Rohrkrümmer.

4 Übersicht zur Berechnung von Schweißkonstruktionen

4.1 Vorschriften, Normen, Regelwerke

Die Berechnung von Schweißkonstruktionen erfolgt grundsätzlich wie alle anderen Konstruktions- und Verbindungsformen nach den Regeln der Festigkeitslehre. Jedoch gelten darüber hinaus für viele Bereiche zusätzliche Vorschriften, Normen und Regelwerke, die im Einzelfall unbedingt beachtet werden müssen. So gibt es z. B. spezielle Normen für den Stahlbau, den Kranbau, den Maschinenbau und viele andere Bereiche.

Da eine Vielzahl spezieller Vorschriften für die verschiedenen Baubereiche existiert und da im Rahmen der europäischen Vereinheitlichung eine Überarbeitung bzw. die Herausgabe neuer Vorschriften in vollem Gange ist, wird sich die folgende Übersicht zur Berechnung von Schweißkonstruktionen auf zwei Normen beschränken:

- DIN 18 800 Teil 1, Stahlbauten, Bemessung und Konstruktion für überwiegend statisch belastete Schweißkonstruktionen
- DIN 15 018 Teil 1, Krane, Grundsätze für Stahltragwerke, Berechnung für dynamisch belastete Schweißkonstruktionen

Zur europäischen Vereinheitlichung wurden sogenannte Eurocodes erstellt, die eine einheitliche europäische Norm für die Konstruktion und Bemessung von Ingenieurbauten und den zugehörigen Produkt-, Herstell- und Prüfnormen darstellen. Die Eurocodes behandeln die Bauausführung und Güteüberwachung nur soweit, wie dies zur Feststellung von Qualitätsanforderungen an die Bauprodukte bzw. Bauausführung notwendig ist, um die bei der Tragwerksbemessung getroffenen Annahmen zu erfüllen.

Aus Sicht der Schweißtechnik sind vor allem zwei Eurocodes maßgebend:

- Eurocode 1: Grundlagen von Entwurf, Berechnung und Bemessung sowie Einwirkungen auf Tragwerke
- Eurocode 3: Entwurf, Berechnung und Bemessung von Tragwerken aus Stahl

Der Eurocode 3 behandelt ausschließlich Anforderungen an die Tragfähigkeit, die Gebrauchstauglichkeit und die Dauerhaftigkeit von Tragwerken. Zudem gelten weiterhin die nationalen Vorschriften und Normen.

4.2 Nachweise und allgemeine Vorgehensweise bei der Berechnung

Grundsätzlich gilt für die Auslegung einer Konstruktion, dass die Beanspruchungen S_d die Beanspruchbarkeiten R_d nicht überschreiten:

$$\frac{S_d}{R_d} \leq 1 \tag{38}$$

S: Stress
R: Resistance
d: Design

Für Stahltragwerke sind nach DIN 18 800 Teil 1 und DIN 15 018 Teil 1 verschiedene Nachweise zu führen. Für statisch belastete Konstruktionen müssen nach DIN 18 800 Teil 1 die Trag- und Lagesicherheit sowie die Gebrauchstauglichkeit nachgewiesen werden.

Mit dem Nachweis der Tragsicherheit wird gewährleistet, dass eine Konstruktion während der Errichtung und geplanten Nutzung gegen Versagen durch Einsturz ausreichend sicher ist. Dabei wird vorausgesetzt, dass während der Nutzung keine Veränderungen am Bauteil eintreten, die die Standsicherheit gefährden könnten, zum Beispiel Korrosion.

Der Nachweis der Lagesicherheit betrifft in der Regel nur Lagerfugen und ist daher in vielen Fällen entbehrlich.

Der Nachweis der Gebrauchstauglichkeit beinhaltet zum Beispiel den Nachweis, dass Leitungen gas- bzw. wasserdicht sind. Er kann Beschränkungen, zum Beispiel von Formänderungen oder Schwingungen erforderlich machen.

Es gibt drei Verfahren, nach denen der Nachweis der Trag- und Lagesicherheit sowie der Gebrauchstauglichkeit geführt werden kann, Tabelle 4-1.

Der Nachweis Elastisch-Elastisch erfolgt auf Basis von Spannungen, der Nachweis Elastisch-Plastisch auf Basis von Schnittgrößen und der Nachweis Plastisch-Plastisch auf Basis von Einwirkungen oder Schnittgrößen.

Tabelle 4-1. Nachweisverfahren [2].

Nachweisverfahren	Berechnung der Beanspruchungen Sd nach	Berechnung der Beanspruchbarkeiten Rd nach
Elastisch-Elastisch	Elastizitätstheorie	Elastizitätstheorie
Elastisch-Plastisch	Elastizitätstheorie	Plastizitätstheorie
Plastisch-Plastisch	Plastizitätstheorie	Plastizitätstheorie

In diesem Kapitel wird eine Übersicht zur Berechnung nach dem Nachweisverfahren Elastisch-Plastisch gegeben.

Nach DIN 15018 Teil 1 sind für tragende Bauteile der allgemeine Spannungsnachweis, der Stabilitätsnachweis, der Betriebsfestigkeitsnachweis und der Standsicherheitsnachweis zu führen.

Der allgemeine Spannungsnachweis belegt die Sicherheit gegen Erreichen der Fließgrenze.

Der Stabilitätsnachweis ist auf Sicherheit gegen Knicken, Kippen, Beulen von Stegblechen und Rechteckplatten, die Teile eines Druckstabes sind, zu führen.

Der Betriebsfestigkeitsnachweis ist auf Sicherheit gegen Bruch bei zeitlich veränderlichen, häufig wiederholten Spannungen für Spannungsspiele über 2×10^4 zu führen.

Der Standsicherheitsnachweis belegt die Sicherheit gegen Abtreiben durch Wind.

Bei der Berechnung statisch oder dynamisch belasteter Schweißkonstruktionen wird im allgemeinen wie folgt vorgegangen:

1. Ermittlung der angreifenden Belastungen
2. Für Lastannahmen, Zusatzlasten, Stoßfaktoren und Sicherheitszuschläge sind bei Bauteilen, die gesetzlichen oder vom Auftraggeber (zum Beispiel Deutsche Bahn AG) aufgestellten Vorschriften unterliegen, die zusätzlichen Bedingungen zu beachten.
2. Berechnung der Anschlussquerschnitte und der Nennspannungen in den Schweißnähten
3. Festlegung der zulässigen Spannungen
4. Vergleich der Nennspannungen mit den zulässigen Spannungen

4.3 Übersicht zur Berechnung statisch belasteter Konstruktionen

4.3.1 Tragsicherheitsnachweis

Für vorwiegend statisch belastete Schweißkonstruktionen ist der Tragsicherheitsnachweis zu führen. Der Nachweis der Lagesicherheit und der Gebrauchstauglichkeit ist nur in speziellen Fällen zu führen und wird in diesem Buch nicht behandelt.

Nach Gleichung (38) ist die Tragfähigkeit einer Konstruktion nachgewiesen, wenn die Beanspruchungen S_d kleiner als die Beanspruchbarkeiten R_d sind (vgl. Kapitel 4.2).

4.3 Übersicht zur Berechnung statisch belasteter Konstruktionen

Die Beanspruchungen S_d können sich aus Einwirkungen F und Widerstandsgrößen M_d zusammensetzen. Einwirkungen sind Ursachen von Kraft- und Verformungsgrößen im Tragwerk. Beispiele sind die Schwerkraft, Wind oder Verkehrslasten. Es werden

- ständige Einwirkungen G
- veränderliche Einwirkungen Q und
- außergewöhnliche Einwirkungen F_A

unterschieden. Für die ständigen Einwirkungen gilt:

$$G_d = \gamma_F \cdot G_k \tag{39}$$

mit $\gamma_F = 1{,}35$

Für die veränderlichen Einwirkungen gilt bei Berücksichtigung aller ungünstig wirkenden veränderlichen Einwirkungen Q_i:

$$Q_{i,d} = \gamma_F \cdot \Psi_i \cdot Q_{i,k} \tag{40}$$

mit $\gamma_F = 1{,}5$ und $\psi_i = 0{,}9$

Bei Berücksichtigung nur jeweils einer der ungünstig wirkenden veränderlichen Einwirkungen Q_i gilt:

$$Q_{i,d} = \gamma_F \cdot Q_{i,k} \tag{41}$$

mit $\gamma_F = 1{,}5$

γ_F ist ein Teilsicherheitsbeiwert, der die Streuung der Einwirkungen berücksichtigt. Der Kombinationsbeiwert ψ_i ist ein Sicherheitselement, das die Wahrscheinlichkeit des gleichzeitigen Auftretens veränderlicher Einwirkungen berücksichtigt.

Die Widerstandsgrößen M_d sind aus geometrischen Größen und Werkstoffkennwerten abgeleitete Größen. ihre Streuungen werden durch die Teilsicherheitsbeiwerte γ_M berücksichtigt (vgl. Kapitel 4.3.4).

Für Stumpf- und Kehlnähte ist nachzuweisen, dass der Vergleichswert $\sigma_{w,v}$ der vorhandenen Schweißnahtspannungen die Grenzschweißnahtspannungen $\sigma_{w,R,d}$ nicht überschreitet:

$$\frac{\sigma_{w,v}}{\sigma_{w,R,d}} \leq 1 \tag{42}$$

mit

$$\sigma_{w,v} = \sqrt{\sigma_\perp^2 + \sigma_{II}^2 - \sigma_\perp \sigma_{II} + \alpha(\tau_\perp^2 + \tau_{II}^2)} \tag{43}$$

mit $\alpha = 1$ bei statischer Belastung

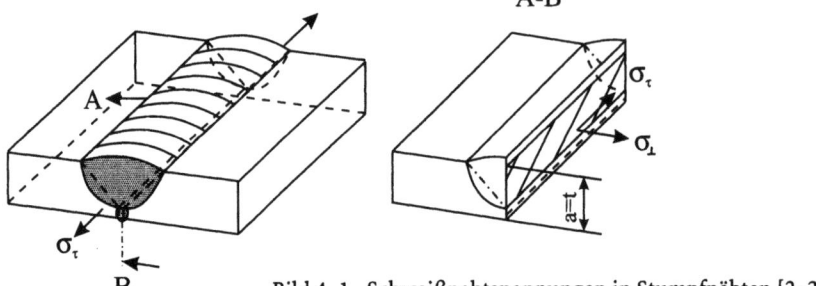

Bild 4-1. Schweißnahtspannungen in Stumpfnähten [2-2].

Bei geschweißten Biegeträgern ist bei statischer Belastung die Normalspannung σ_{II} in den mit Doppelkehlnähten oder HY-Nähten mit Kehlnaht hergestellten Verbindungen Gurt/Steg ohne Einfluss, so dass für den Vergleichswert $\sigma_{w,v}$ angesetzt wird:

$$\sigma_{w,v} = \sqrt{\sigma_\perp^2 + \tau_\perp^2 + \tau_{II}^2} \tag{44}$$

Die Bilder 4-1 und 4-2 zeigen die möglichen Schweißnahtspannungen in Stumpfnähten bzw. in Kehlnähten.

Normalspannungen $\sigma_\perp$ senkrecht zur Schweißnahtlängsachse sind wichtige Spannungen bei der Berechnung stumpfgeschweißter Bauteile. In Kehlnähten treten sie bei der Übertragung senkrecht angreifender Kräfte oder Biegemomente auf. Schubspannungen τ_{II} parallel zur Schweißnahtlängsachse sind wichtige Spannungen in Kehlnähten bei Beanspruchung der Naht in Längsrichtung bei Querkraftübertragung in Hals- und Flankenkehlnähten und Querkraftanschlüssen. Schubspannungen $\tau_\perp$ senkrecht zur

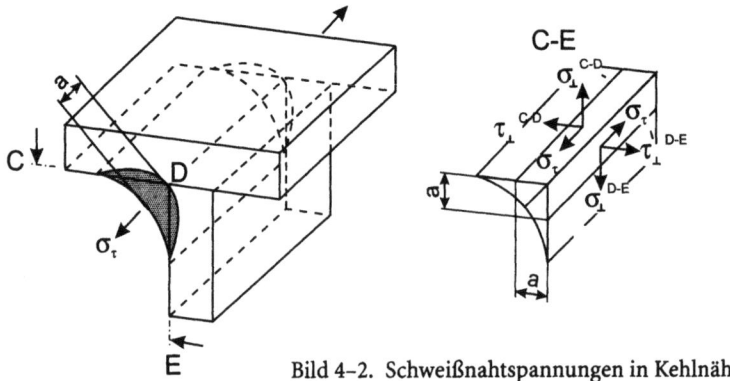

Bild 4-2. Schweißnahtspannungen in Kehlnähten [2-2].

Schweißnahtlängsachse sind im Stahlbau weniger häufig vorkommende Spannungen.

4.3.2 Anschlussquerschnitte

1. Rechnerische Schweißnahtdicke
   Die rechnerischen Schweißnahtdicken a für verschiedene Nahtarten sind Tabelle A-1 im Anhang A zu entnehmen.
   Bei Stumpfnähten wird in der Regel als Nahtdicke die Blechdicke des dünneren Blechs eingesetzt.
   Bei Kehlnähten ist die Kehlnahtdicke a im allgemeinen die Höhe des gleichschenkligen Dreiecks (vgl. Bild 4-2).
   Nach DIN 18 800 Teil 1 gelten folgende Grenzwerte für Kehlnahtdicken:

$$2\,\text{mm} \leq a \leq 0{,}7\,t_{min} \tag{45}$$

$$a \leq \sqrt{t_{max}} - 0{,}5 \tag{46}$$

mit a und Blechdicke t im mm.

2. Rechnerische Schweißnahtlänge
   Die rechnerische Schweißnahtlänge l einer Naht ist ihre geometrische Länge. Für Kehlnähte ist sie die Länge der Wurzellinie. Kehlnähte dürfen beim Nachweis nur berücksichtigt werden, wenn $l \geq 6{,}0\,a$, mindestens jedoch 30 mm ist.
   Rechnerische Schweißnahtlängen bei unmittelbaren Stabanschlüssen sind Tabelle A-2 im Anhang A zu entnehmen.

3. Schweißnahtfläche
   Die Schweißnahtfläche A_w ergibt sich aus der rechnerischen Schweißnahtdicke und -länge zu:

$$A_w = \sum (a \times l) \tag{47}$$

Bei der Übertragung von Längskräften werden alle Nähte in die Berechnung der Schweißnahtfläche mit einbezogen. Bei der Übertragung von Querkräften werden nur die Anschlussnähte in der Berechnung berücksichtigt, die in der Lage sind, Querkräfte zu übertragen.

Sind sowohl Stumpf- als auch Kehlnähte in einem Anschluss einer Schweißverbindung vorhanden, dann sind die auf Schub beanspruchten Flankenkehlnähte nur mit einem anteiligen Querschnittswert einzusetzen (nach Neumann):

Festigkeit der Stumpfnaht maßgebend:

$$A_w = A_{Stumpf} + 0{,}6\,A_{Kehl}$$

Festigkeit der Kehlnaht maßgebend:

$$\frac{A_{Kehl}}{A_{Stumpf}} \geq 1{,}5 \text{ oder } A_w = A_{Kehl}$$

Festigkeit σ der Stirnkehlnaht maßgebend:

$$A_w = A_{Stirn} + 0{,}6 A_{Flanken}$$

Festigkeit τ der Flankenkehlnaht maßgebend:

$$A_w = A_{Flanken}$$

4.3.3 Schweißnahtspannungen

Für eine gemäß Bild 4-3 beanspruchte Schweißverbindung gilt für die Normalspannung $\sigma_\perp$:

$$\sigma_\perp = \frac{F}{A_w} \tag{48}$$

Für die Schubspannungen $\tau_\perp$ und τ_{II} gilt:

$$\tau_\perp = \frac{F}{A_w}, \quad \tau_{II} = \frac{F}{A_w} \tag{49}, (50)$$

Für eine gemäß Bild 4-4 durch ein Biegemoment M beanspruchte Schweißverbindung gilt für die Normalspannung $\sigma_\perp$:

$$\sigma = \frac{M}{J_w} z = \frac{M}{W_w} \tag{51}$$

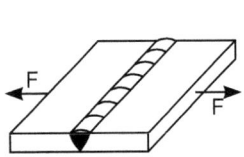
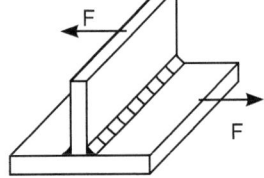
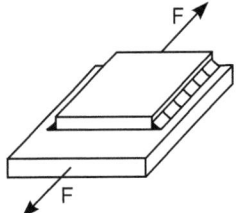

Bild 4-3. Durch Längs- bzw. Querkraft beanspruchte Schweißverbindung.

4.3 Übersicht zur Berechnung statisch belasteter Konstruktionen

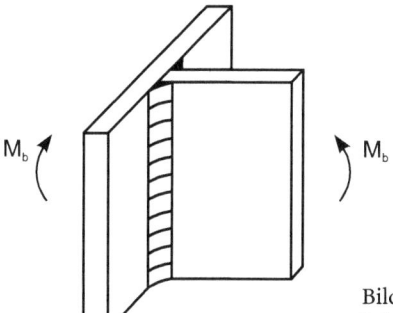

Bild 4-4. Durch ein Biegemoment beanspruchte Schweißverbindung.

J_w ist das auf die Schweißnaht bezogene axiale bzw. äquatoriale Flächenträgheitsmoment, z ist der Abstand vom Nahtwurzelpunkt zur Schwerachse und W_w ist das auf die Schweißnaht bezogene Widerstandsmoment. Bezogen auf eine gegebene Achse x bzw. y ist das axiale Flächenträgheitsmoment gleich der Summe der Produkte der Flächenteilchen dA und ihrer kleinsten Abstände von dieser Achse:

$$J_x = \int_A y^2 \, dA, \quad J_y = \int_A x^2 \, dA \tag{52}$$

Nach dem Satz von Steiner ergibt sich das axiale Flächenträgheitsmoment J für eine Achse, die im Abstand x_S parallel zur Schwerlinie verläuft, aus:

$$J = J_{y,s} + A x_s^2 \tag{53}$$

$J_{y,s}$ ist das axiale Flächenträgheitsmoment um die Schwerlinie und A ist die betrachtete Fläche.

Für häufig vorkommende Querschnitte sind die axialen Flächenträgheitsmomente sowie die Widerstandsmomente in Tabelle A-3 im Anhang A zusammengefasst.

Für eine durch eine Querkraft beanspruchte Längsnaht eines Biegeträgers (Bild 4-5) ergibt sich die Schubspannung τ_{II} zu:

$$\tau_{II} = \frac{FS}{J \sum a} \tag{54}$$

Sind die Nähte nicht durchgehend geschweißt ändert sich Gleichung (54) wie folgt:

$$\tau_{II} = \frac{FS}{J \sum a} \times \frac{e + l}{l} \tag{55}$$

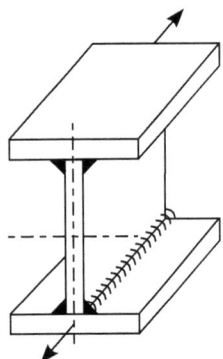

Bild 4-5. Durch eine Querkraft beanspruchter Biegeträger.

S ist das statische Moment der angeschlossenen Querschnittsflächen, e ist die nahtfreie Länge.

Das auf die x-Achse bzw. y-Achse bezogene statische Moment einer Fläche, auch als Flächenmoment 1. Grades bezeichnet, ist wie folgt definiert (vgl. auch Bild 4-6):

$$S_x = \int_A y\, dA, \quad S_y = \int_A x\, dA \tag{56}$$

Daraus folgt mit den Flächenschwerlinien x_s und y_s:

$$S_x = y_s A, \quad S_y = x_s A \tag{57}$$

mit

$$x_s = \frac{\sum_i x_i A_i}{\sum A_i}, \quad y_s = \frac{\sum_i y_i A_i}{\sum A_i} \tag{58}$$

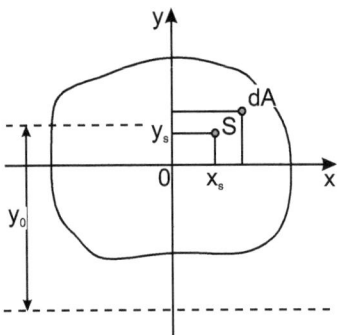

Bild 4-6. Bestimmung des statischen Moments.

4.3 Übersicht zur Berechnung statisch belasteter Konstruktionen

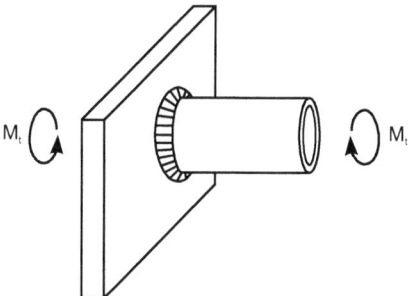

Bild 4-7. Durch ein Torsionsmoment beanspruchte Schweißverbindung.

Für eine gemäß Bild 4-7 durch Torsion beanspruchte Schweißverbindung gilt für die Schubspannung

$$\tau = \frac{M_t}{W_p} \tag{59}$$

M_t ist das Torsionsmoment und W_p ist das polare Widerstandsmoment.

4.3.4 Grenzschweißnahtspannungen

Die Grenzschweißnahtspannung ergibt sich aus folgender Gleichung:

$$\sigma_{w,R,d} = \frac{a_w f_{y,k}}{\gamma_M} \tag{60}$$

α_w ist ein Faktor, der die Nahtgüte, die Nahtform, die Belastungsart und den eingesetzten Werkstoff bei der Bestimmung der Grenzschweißnahtspannung berücksichtigt. Die α_w-Werte sind Tabelle A-4 im Anhang A zu entnehmen.

Bei der Dimensionierung und Berechnung vorwiegend statisch belasteter Schweißkonstruktionen werden die aus Zugversuchen ermittelten Festigkeitswerte der Werkstoffe zugrunde gelegt. Zur Ermittlung der Grenzschweißnahtspannung ist die Streckgrenze maßgebend. Entsprechende Werkstoffkennwerte $f_{y,k}$ sind Tabelle A-5 im Anhang A zu entnehmen.

γ_M ist ein Teilsicherheitsbeiwert. Für den Nachweis der Tragsicherheit ist $\gamma_M = 1,1$.

Für Stumpfstöße von Formstählen aus St 37-2 und Ust 37-2 (alte Bezeichnung in der Tabelle) mit einer Erzeugnisdicke $t > 16$ mm ist bei Zugbeanspruchung die Grenzschweißnahtspannung wie folgt zu ermitteln:

$$\sigma_{w,R,d} = 0{,}55 \cdot \frac{f_{y,k}}{\gamma_M} \tag{61}$$

Bei Werkstückdicken < 16 mm wird von einem 2-dimensionalen Spannungszustand ausgegangen. Bei Blechdicken < 16 mm liegt ein dreidimensionaler Spannungszustand vor.

4.4 Übersicht zur Berechnung dynamisch belasteter Konstruktionen

Für die Berechnung von dynamisch belasteten Bauteilen sind verschiedene Vorschriften maßgebend. Im Bereich der Deutschen Bahn AG z. B. werden die Vorschriften DS 804 „Vorschriften für Eisenbahnbrücken und sonstige Ingenieurbauwerke" sowie DS 952 „Vorschriften für das Schweißen metallischer Werkstoffe in Privatwerken" angewendet. Für den allgemeinen Stahlbau kann z. B. ein Betriebsfestigkeitsnachweis nach TGL 13500 Blatt 2 geführt werden.

Für die Gestaltung und Berechnung von dynamisch beanspruchten Bauteilen im Maschinenbau gibt es keine verbindlichen Normen und Vorschriften. Bei der Konstruktion solcher Bauteile wird häufig auf Regelwerke anderer Anwendungsbereiche zurückgegriffen. So kann für dynamisch beanspruchte Schweißteile im Maschinenbau z. B. ein Sicherheitsnachweis nach TGL 14915 erfolgen. Im allgemeinen Stahl- und Maschinenbau kann der Betriebsfestigkeitsnachweis nach DIN 15 018 Teil 1-3 „Krane" geführt werden. Da diese Norm häufig zur Berechnung dynamisch belasteter Schweißkonstruktionen eingesetzt wird, werden die wesentlichen Inhalte im folgenden aufgeführt.

Nach DIN 15 018 Teil 1 „Krane; Grundsätze für Stahlwerke; Berechnung" werden die auf ein Tragwerk wirkenden Lasten in Hauptlasten, Zusatzlasten und Sonderlasten eingeteilt. Hauptlasten sind z. B. Eigenlasten, Hublasten oder Fliehkräfte. Zusatzlasten sind z. B. Windlasten, Schneelasten oder Wärmewirkungen. Sonderlasten sind z. B. Pufferkräfte oder Prüflasten.

Auf Basis dieser Lastannahmen werden sogenannte Lastfälle definiert:

H: Hauptlasten
HZ: Zusatzlasten
HS: Sonderlasten

Diese Lastfälle werden unterschiedlichen Nachweisen zugrunde gelegt. Nach DIN 15 018 Teil 1 sind für die tragenden Bauteile und wesentlichen Verbindungen die folgenden Nachweise zu führen:

- Allgemeiner Spannungszustand
- Stabilitätsnachweis

- Betriebsfestigkeitsnachweis
- Standsicherheitsnachweis

Der Stabilitätsnachweis ist auf Sicherheit gegen Knicken, Kippen und Beulen nach DIN 4114 Teil 1 „Stahlbau; Stabilitätsfälle (Knickung, Kippung, Beulung); Berechnungsgrundlagen Vorschriften" und Teil 2 „Stahlbau; Stabilitätsfälle (Knickung, Kippung, Beulung); Berechnungsgrundlagen, Richtlinien" zu führen.

Die Standsicherheit und die Sicherheit gegen Abtreiben durch Wind sind nach DIN 15019 Teil 1 „Krane; Standsicherheit für alle Krane außer gleislosen Fahrzeugkranen und außer Schwimmkranen" und Teil 2 „Krane; Standsicherheit für gleislose Fahrzeugkrane; Prüfbelastung und Berechnung" zu führen.

Auf eine detaillierte Ausführung des Stabilitäts- und Standsicherheitsnachweises wird an dieser Stelle verzichtet.

Im folgenden werden die für dynamisch beanspruchte Schweißverbindungen und geschweißte Bauteile maßgebenden Nachweise erläutert.

4.4.1 Allgemeiner Spannungsnachweis

Der Allgemeine Spannungsnachweis ist auf Sicherheit gegen Erreichen der Fließgrenze zu führen. Er ist getrennt für die Lastfälle H und HZ zu führen. Die zulässigen Spannungen sind nach entsprechenden Tabellen der DIN 15 018 Teil 1 werkstoff- und lastfallabhängig zu ermitteln.

Die Ermittlung der Anschlußquerschnitte und der vorhandenen Spannungen dynamisch beanspruchter Bauteile entspricht im wesentlichen der Ermittlung der Spannungen bei ruhenden Lasten nach DIN 18 800 Teil 1 (vgl. Kapitel 4.3). Je nach Anwendungsfall werden die Lasten bzw. Schnittgrößen oder Spannungen mit verschiedenen Beiwerten, wie z.B. Hublasten-, Eigenlasten- oder Schwingbeiwerten vervielfacht.

4.4.2 Betriebsfestigkeitsnachweis

Der Betriebsfestigkeitsnachweis ist auf Sicherheit gegen Bruch bei zeitlich veränderlichen, häufig wiederholten Spannungen zu führen. Dieser Nachweis ist nur für den Lastfall H und für Spannungsspiele über $2 \cdot 10^4$ für Bauteile und Verbindungsmittel zu ermitteln.

Die Betriebsfestigkeit eines dynamisch beanspruchten Bauteils ist gegeben, wenn die vorhandenen Spannungen kleiner oder gleich den zulässigen

Spannungen sind. Für die Ermittlung der zulässigen Spannungen sind die folgenden Faktoren zu berücksichtigen:

- Grenzspannungsverhältnis κ
  Das Grenzspannungsverhältnis ist nach Gleichung 4 Kapitel 2.4.2 zu bestimmen.
- Spannungsspielbereiche N
  Die auf ein Bauteil einwirkenden Spannungsspiele werden in abhängigkeit von der Anzahl der Spannungsspiele in vier verschiedene Gruppen, N1 bis N4 eingeteilt (DIN 15 018).
- Spannungskollektive S
  Es werden vier verschiedene Spannungskollektive, S0 bis S3, unterschieden. Diese Spannungskollektive geben die relative Summenhäufigkeit an, mit der eine bestimmte Oberspannung erreicht oder überschritten wird (DIN 15 018).
- Beanspruchungsgruppen B
  Es werden sechs unterschiedliche Beanspruchungsgruppen, B1 bis B6, unterschieden, die bestimmte Spannungsspielbereichen und Spannungskollektiven zugeordnet sind (DIN 15 018).
- Kerbfälle
  Gebräuchliche Bauformen, Anschlüsse und Verbindungen sind nach ihren durch die Gestaltung und Ausführung abhängigen Kerbeinflüssen in die acht Kerbfälle W0 bis W2 und K0 bis K4 eingeteilt (DIN 15 018). Damit wird z. B. im Falle von Schweißverbindungen die Art und Güte der Schweißnaht und damit die mit steigendem Kerbeinfluß fallende Betriebsfestigkeit berücksichtigt.
- Zulässige Spannungen
  Die zulässigen Oberspannungen der Normal- und Schubspannungen für Bauteile und Schweißnähte sind in Abhängigkeit von den Grundwerten der zulässigen Spannungen und dem Grenzspannungsverhältnis nach entsprechenden Tabellen der DIN 15 018 zu bestimmen. Die darin enthaltenen Grundwerte der Spannungen $\sigma_{D(-1)}$ sind vom Werkstoff, Kerbfall und der Beanspruchungsgruppe abhängig und für einige Werkstoffe aus entsprechender Tabelle aus DIN 15 018 zu entnehmen.

5 Rechenbeispiele

Aufgabe 1

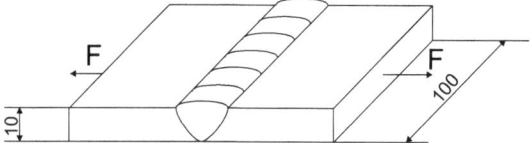

Bild 5-1

Werkstoff: S 235 JR (St 37-2)
Nahtgüte nicht nachgewiesen

Wie groß ist die maximal zulässige Belastung der Stumpfnaht (Bild 5-1)?

Grenzschweißnahtspannung:

$$\sigma_{w,R,d} = \frac{\alpha_w \cdot f_{y,k}}{\gamma_M}$$

$$= \frac{0{,}95 \cdot 240 \text{ N/mm}^2}{1{,}1}$$

$$= 207{,}3 \text{ N/mm}^2$$

Maximal zulässige Belastung:

$$\sigma_{w,R,d} = \sigma_\perp = \frac{F}{A_w}$$

$$\Rightarrow F = \sigma_\perp \cdot A_w$$

$$= 207{,}3 \text{ N/mm}^2 \cdot 1000 \text{ mm}^2$$

$$= 207{,}3 \text{ N}$$

Aufgabe 2

Wie groß ist die erforderliche Querschnittsfläche des Stumpfstoßes aus Bild 5-1 bei nachgewiesener und nicht nachgewiesener Nahtgüte, wenn die Verbindung einer Zugbelastung von $F = 600$ kN ausgesetzt wird?

Nahtgüte nachgewiesen:
Grenzschweißnahtspannung:

$$\sigma_{w,R,d} = \sigma_\perp \frac{\alpha_w \cdot f_{y,k}}{\gamma_M}$$

$$= \frac{1{,}0 \cdot 240 \text{ N/mm}^2}{1{,}1}$$

$$= 218{,}2 \text{ N/mm}^2$$

Erforderliche Querschnittsfläche:

$$\sigma_{w,R,d} = \sigma_\perp = \frac{F}{A_w}$$

$$\Rightarrow A_w = \frac{F}{\sigma_{w,R,\alpha}}$$

$$= \frac{600 \text{ kN}}{218{,}2 \text{ N/mm}^2}$$

$$= 2750 \text{ mm}^2$$

Nahtgüte nicht nachgewiesen:
Grenzschweißnahtspannung:

$$\sigma_{w,R,d} = \frac{\alpha_w \cdot f_{y,k}}{\gamma_M}$$

$$= \frac{0{,}95 \cdot 240 \text{ N/mm}^2}{1{,}1}$$

$$= 207{,}3 \text{ N/mm}^2$$

Erforderliche Querschnittsfläche:

$$A_w = \frac{F}{\sigma_{w,R,\alpha}}$$

$$= \frac{600 \text{ kN}}{207{,}3 \text{ N/mm}^2}$$

$$= 2894 \text{ mm}^2$$

Bei nicht nachgewiesener Nahtgüte erhöht sich die erforderliche Querschnittsfläche um 5 %.

Aufgabe 3

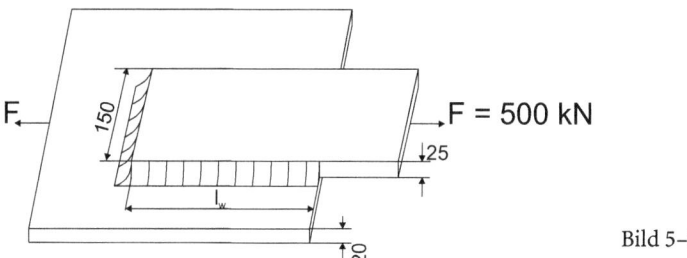

Bild 5–2

Werkstoff S 235 JR (St 37-2)
Nahtgüte nicht nachgewiesen

Wie groß ist die erforderliche Schweißnahtlänge l_w, wenn die Schweißung mit maximalem a-Maß bzw. mit minimalem a-Maß ausgeführt wird? (Bild 5–2)

Grenzschweißspannung:

$$\sigma_{w,R,d} = \frac{\alpha_w \cdot f_{y,k}}{\gamma_M}$$

$$= \frac{0{,}95 \cdot 240 \text{ N/mm}^2}{1{,}1}$$

$$= 207{,}3 \text{ N/mm}^2$$

Maximales a-Maß:

$a_{max} = 0{,}7 t_{min} = 14$ mm

$A_w = \sum a \cdot l_w$
$ = 14 \text{ mm} \cdot 150 \text{ mm} + 2 \cdot 14 \text{ mm} \cdot l_w$

Vergleichsspannung:

$\dfrac{\sigma_{w,v}}{\sigma_{w,R,d}} \leq 1 \Rightarrow \sigma_{w,v} \leq \sigma_{w,R,d}$

$\sigma_{w,v} = \sigma_\perp = \dfrac{F}{A_w}$

$\Rightarrow A_w = \dfrac{F}{\sigma_{w,v}}$

$ = \dfrac{500 \text{ kN}}{207{,}3 \text{ N/mm}^2}$

$ = 2412 \text{ mm}^2$

$2100 \text{ mm}^2 + 18 \text{ mm} \cdot l_w = 2412 \text{ mm}^2$

$\Rightarrow l_w = \dfrac{2412 \text{ mm}^2 - 2100 \text{ mm}^2}{18 \text{ mm}}$

$ = 17{,}3 \text{ mm}$

Minimales a-Maß:

$a_{min} = \sqrt{t_{max}} - 0{,}5 = 4{,}5$

$A_w = \sum a \cdot l_w$
$ = 4{,}5 \cdot 150 \text{ mm} + 2 \cdot 4{,}5 \text{ mm} \cdot l_w$

$l_w = \dfrac{2412 \text{ mm}^2 - 675 \text{ mm}^2}{9 \text{ mm}}$

$ = 193 \text{ mm}$

Aufgabe 4

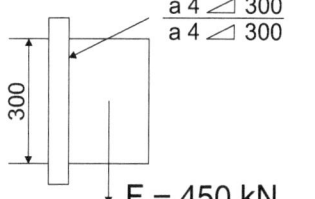

↓ F = 450 kN   Bild 5-3

Werkstoff: S2358 JR
Nahtgüte nicht nachgewiesen
Exzentrizität des Lastangriffes wird nicht berücksichtigt

Für den Anschluss in Bild 5-3 ist der Tragfähigkeitsnachweis zu erbringen!

Grenzschweißnahtspannung:

$$\sigma_{w,R,d} = \frac{\alpha_w \cdot f_{y,k}}{\gamma_M}$$

$$= \frac{0{,}95 \cdot 240 \text{ N/mm}^2}{1{,}1}$$

$$= 207{,}3 \text{ N/mm}^2$$

Querschnittsfläche:

$$A_w = \sum a \cdot l$$

$$= 2 \cdot 4 \text{ mm} \cdot 300 \text{ mm}$$

$$= 2400 \text{ mm}^2$$

Spannungen:

$$\tau_{II} = \frac{F}{A_w}$$

$$= \frac{450 \text{ kN}}{2400 \text{ mm}^2}$$

$$= 187{,}5 \text{ N/mm}^2$$

Nachweis:

$$\frac{\sigma_{w,v}}{\sigma_{w,R,d}} \leq 1$$

$$\frac{187,5 \text{ N/mm}^2}{207,3 \text{ N/mm}^2} = 0,90 \leq 1$$

Aufgabe 5

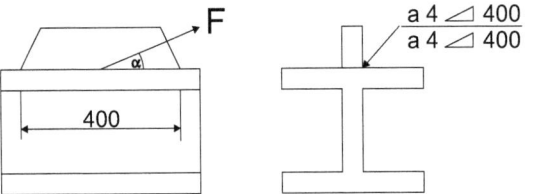

Bild 5–4

$F = 550$ kN
$\alpha = 30°$
Werkstoff S 355 GT (St 52)
Nahtgüte nachgewiesen

Für die Verbindung in Bild 5–4 ist der Tragfähigkeitsnachweis zu führen!

Grenzschweißnahtspannung:

$$\sigma_{w,R,d} = \frac{\alpha_w \cdot f_{y,k}}{\gamma_M}$$

$$= \frac{0,8 \cdot 360 \text{ N/mm}^2}{1,1}$$

$$= 261,8 \text{ N/mm}^2$$

Querschnittsfläche:

$$A_w = \sum a \cdot l$$

$$= 2 \cdot 4 \text{ mm} \cdot 400 \text{ mm}$$

$$= 3200 \text{ mm}^2$$

Aufgabe 5

Schnittgrößen:

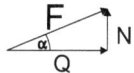

$N = F \cdot \sin \alpha$
$= 275 \text{ kN}$

$Q = F \cdot \cos \alpha$
$= 476{,}3 \text{ kN}$

Spannungen:

$\sigma_\perp = \dfrac{N}{A_w}$

$= \dfrac{275 \text{ kN}}{3200 \text{ mm}^2}$

$= 85{,}9 \text{ N/mm}^2$

$\tau_{II} = \dfrac{Q}{A_w}$

$= \dfrac{476{,}3 \text{ kN}}{3200 \text{ mm}_2}$

$= 148{,}6 \text{ N/mm}^2$

$\sigma_{w,v} = \sqrt{\sigma_\perp^2 + \tau_{II}^2}$
$= \sqrt{(85{,}9 \text{ N/mm}^2)^2 + 148{,}6 \text{ N/mm}^2)^2}$
$= 171{,}6 \text{ N/mm}^2$

Nachweis:

$\dfrac{\sigma_{w,v}}{\sigma_{w,R,d}} \leq 1$

$\dfrac{171{,}6 \text{ N/mm}^2}{261{,}8 \text{ N/mm}^2} = 0{,}66 \leq 1$

Auszüge aus DIN 18 800, Teil 1
Stahlbauten, Bemessung und Konstruktion [2]

1 Allgemeine Angaben

(101) Anwendungsbereich
Diese Norm ist anzuwenden für die Bemessung und Konstruktion von Stahlbauten.

(102) Mitgeltende Normen
Die anderen Grundnormen der Reihe DIN 18 800 sind zu beachten. Für die verschiedenen Anwendungsgebiete sind die entsprechenden Fachnormen zu beachten. In ihnen können zusätzliche oder abweichende Festlegungen getroffen sein.

Anmerkung: Soweit Fachnormen noch nicht an das in dieser Grundnorm verwendete Bemessungskonzept angepasst sind, kann zur Beurteilung DIN 18800 Teil 1/03.81 herangezogen werden (vergleiche auch Vorbemerkungen).

(103) Anforderungen
Stahlbauten müssen standsicher und gebrauchstauglich sein. Ausreichende räumliche Steifigkeit und Stabilität sind sicherzustellen.

Anmerkung: Standsicherheit wird hier als Oberbegriff für *Trag- und Lagesicherheit* verwendet.

2 Bautechnische Unterlagen

(201) Nutzungsbedingungen
Die bautechnischen Unterlagen müssen Angaben zu den maßgeblichen Nutzungsbedingungen in einer allgemein verständlichen Form enthalten.

(202) Inhalt
Die bautechnischen Unterlagen müssen den Nachweis ausreichender Standsicherheit und Gebrauchstauglichkeit der baulichen Anlage während des Bau- und Nutzungszeitraumes enthalten.

Anmerkung: Zu den bautechnischen Unterlagen gehören unter anderem die Baubeschreibung, die Statische Berechnung einschließlich der Positionspläne, gegebenenfalls Versuchsberichte zu experimentellen Nachweisen, Zeichnungen mit allen für die Prüfung, Nutzung und Dauerhaftigkeit wesentlichen Angaben, Montage- und Schweißfolgepläne und gegebenenfalls Zulassungsbescheide.

(203) Baubeschreibung
Alle für die Prüfung der Statischen Berechnungen und Zeichnungen wichtigen Angaben sind in die Baubeschreibung aufzunehmen, insbesondere auch solche, die für die

Bauausführung wesentlich sind und aus den Nachweisen und Zeichnungen nicht unmittelbar oder nicht vollständig entnommen werden können. Hierzu gehören auch Angaben zum Korrosionsschutz.

(204) Statische Berechnung
In der Statischen Berechnung sind Tragsicherheit und Gebrauchstauglichkeit vollständig, übersichtlich und prüfbar für alle Bauteile und Verbindungen nachzuweisen. Der Nachweis muss in sich geschlossen sein und eindeutige Angaben für die Ausführungszeichnungen enthalten.

(205) Quellenangaben und Herleitungen
Die Herkunft außergewöhnlicher Gleichungen und Berechnungsverfahren ist anzugeben. Sofern Gleichungen und Berechnungsverfahren nicht veröffentlicht sind, sind Voraussetzungen und Ableitungen soweit anzugeben, dass ihre Eignung geprüft werden kann.

(206) Elektronische Rechenprogramme
Für die Verwendung von Rechenprogrammen ist die „Richtlinie für das Aufstellen und Prüfen EDV-unterstützter Standsicherheitsnachweise" zu beachten.

(207) Versuchsberichte
Versuchsberichte müssen Angaben über das Versuchsziel, die Planung, Einrichtung, Durchführung und Auswertung der Versuche in einer Form enthalten, die eine Beurteilung erlaubt und die eine unabhängige Wiederholung der Versuche ermöglicht.

(208) Zeichnungen
In den Zeichnungen sind alle für die Prüfung von bautechnischen Unterlagen sowie für die Bauausführung und -abnahme wichtigen Bauteile eindeutig, vollständig und übersichtlich darzustellen.

Anmerkung: Zur eindeutigen und vollständigen Beschreibung der Bauteile gehören unter anderem
- Werkstoffangaben, wie z.B. Stahlsorte von Bauteilen und Festigkeitsklasse von Schrauben,
- Darstellung und Bemaßung der Systeme und Querschnitte,
- Darstellung der Anschlüsse, z.B. durch Angabe der Lage der Schwerachsen von Stäben zueinander, der Anordnung der Verbindungsmittel und der Stoßteile sowie Angaben zum Lochspiel von Verbindungsmitteln,
- Angaben zur Ausführung, z.B. Vorspannung von Schrauben und Nahtvorbereitung von Schweißnähten,
- Angaben über Besonderheiten, die bei der Montage zu beachten sind und
- Angaben zum Korrosionsschutz.

3 Begriffe und Formelzeichen

3.1 Grundbegriffe

(301) Einwirkungen, Einwirkungsgrößen
Einwirkungen sind Ursachen von Kraft- und Verformungsgrößen im Tragwerk.
Einwirkungsgrößen sind die zur Beschreibung der Einwirkungen verwendeten Größen.

Anmerkung: Einwirkungen sind z. B. Schwerkraft, Wind, Verkehrslast, Temperatur und Stützensenkungen. Siehe hierzu auch Abschnitt 7.2.1, Element 706.

(302) Widerstand, Widerstandsgrößen
Unter Widerstand wird hier der Widerstand eines Tragwerkes, seiner Bauteile und Verbindungen gegen Einwirkungen verstanden.

Widerstandsgrößen sind aus geometrischen Größen und Werkstoffkennwerten abgeleitete Größen; ihre Streuungen sind zu berücksichtigen.

In dieser Norm sind Festigkeiten und Steifigkeiten Widerstandsgrößen.

Anmerkung 1: Vereinfachend werden alle Streuungen des Widerstandes den Festigkeiten und Steifigkeiten zugeordnet, sofern in anderen Normen der Reihe DIN 18 800 nichts anderes geregelt ist.

Anmerkung 2: Werkstoffkennwerte sind z. B. die obere Streckgrenze R_{eH} und die Zugfestigkeit R_m.

Anmerkung 3: Festigkeiten und Steifigkeiten beinhalten Werkstoffkennwerte und Querschnittswerte.

Die charakteristischen Werte von Festigkeiten sind auf die Nennwerte der Querschnittswerte bezogene Festigkeiten. Die wichtigsten Festigkeiten sind die Streckgrenze f_y und die Zugfestigkeit f_u, denen die Werkstoffkennwerte obere Streckgrenze R_{eH} und die Zugfestigkeit R_m zugeordnet sind.

Ein Beispiel für eine Steifigkeit ist die Biegesteifigkeit $(E \cdot I)$. Sie beinhaltet die streuende Werkstoffkenngröße Elastizitätsmodul und die streuende geometrische Größe Flächenmoment 2. Grades.

(303) Bemessungswerte
Bemessungswerte sind diejenigen Werte der Einwirkungsgrößen und Widerstandsgrößen, die für die Nachweise anzunehmen sind. Sie beschreiben einen Fall ungünstiger Einwirkungen auf Tragwerke mit ungünstigen Eigenschaften. Ungünstigere Fälle sind in der Realität nur mit sehr geringer Wahrscheinlichkeit zu erwarten.

Bemessungswerte werden im allgemeinen durch den Index d gekennzeichnet.

Anmerkung 1: Die Bemessungswerte dieser Norm sind so festgelegt, dass die Nachweise zu der angestrebten Versagenswahrscheinlichkeit führen.

Anmerkung 2: Für statische Berechnungen ist es wichtig, Bemessungswerte von charakteristischen Werten (siehe Element 304) zu unterscheiden, z. B. durch Verwendung der Indizes d (Bemessungswerte) und k (charakteristische Werte).

(304) Charakteristische Werte
Die charakteristischen Werte für Einwirkungsgrößen und Widerstandsgrößen sind die Bezugsgrößen für die Bemessungswerte der Einwirkungsgrößen und Widerstandsgrößen.

Charakteristische Werte werden durch den Index k gekennzeichnet.

Anmerkung: Charakteristische Werte der als streuend anzunehmenden Größen der Einwirkung und des Widerstandes sind nach der dieser Norm zugrundeliegenden Sicherheitstheorie als $p\%$-Fraktilwerte der Verteilungsfunktionen dieser Größen festzulegen, z. B. als 5%-Fraktile. Damit ließe die Sicherheitstheorie die Berechnung der für die angestrebte Versagenswahrscheinlichkeit erforderlichen Teilsicherheitsbeiwerte zu. Da aus praktischen Gründen zuerst Teilsicherheitsbeiwerte vereinbart wurden, ergeben sich unterschiedliche und von [1] abweichende Werte für p. Aufgrund nicht ausreichender Kenntnisse (Daten) über Einwirkungen und Widerstände sind diese Werte für p teilweise nur angenähert bekannt. Die Absicherung der Festlegungen dieser Norm stützt sich diesbezüglich auf globale Kalibrierung an der bisherigen Erfahrung.

(305) Teilsicherheitsbeiwerte
Die Teilsicherheitsbeiwerte γ_F und γ_M sind die Sicherheitselemente, die die Streuungen der Einwirkungen **F** und Widerstandsgrößen **M** berücksichtigen.

Anmerkung 1: Der Teilsicherheitsbeiwert γ_F setzt sich aus folgenden Anteilen zusammen:

$\gamma_F = \gamma_f \cdot \gamma_{f,sys}$

γ_f bezieht sich ausschließlich auf die Einwirkung und sichert z. B. ihre räumliche und zeitliche Streuung ab.

$\gamma_{f,sys}$ berücksichtigt Unsicherheiten im mechanischen und stochastischen Modell und dient z. B. der Erfassung besonderer Systemempfindlichkeiten.

Angaben zur Bestimmung von γ_F können z. B. [1] entnommen werden.

Anmerkung 2: Der Teilsicherheitsbeiwert γ_M setzt sich auf folgenden Anteilen zusammen:

$\gamma_M = \gamma_m \cdot \gamma_{m,sys}$

γ_m berücksichtigt die Streuung der jeweiligen Widerstandsgröße.

$\gamma_{m,sys}$ deckt Ungenauigkeiten im mechanischen Modell zur Berechnung der Beanspruchbarkeiten und Systemempfindlichkeiten ab.

Angaben zur Bestimmung von γ_M können z. B. [1] entnommen werden.

(306) Kombinationsbeiwerte
Die Kombinationsbeiwerte ψ sind die Sicherheitselemente, die die Wahrscheinlichkeit des gleichzeitigen Auftretens veränderlicher Einwirkungen berücksichtigen.

(307) Beanspruchungen
Beanspruchungen S_d sind die von den Bemessungswerten der Einwirkungen F_d verursachten Zustandsgrößen im Tragwerk. Sie werden auch als vorhandene Größen bezeichnet.

Wenn zur Vermeidung von Verwechslungen Beanspruchungen gekennzeichnet werden müssen, ist dafür der Index S, d zu verwenden. Hier wird im Folgenden auf eine solche Kennzeichnung der Beanspruchungen verzichtet.

Anmerkung: Beanspruchungen sind z. B. Spannungen, Schnittgrößen, Scherkräfte von Schrauben, Dehnungen und Durchbiegungen.

(308) Grenzzustände
Grenzzustände sind Zustände des Tragwerkes, die den Bereich der Beanspruchung, in dem das Tragwerk tragsicher bzw. gebrauchstauglich ist, begrenzen. Grenzzustände können auch auf Bauteile, Querschnitte, Werkstoffe und Verbindungsmittel bezogen sein.

(309) Beanspruchbarkeiten

Beanspruchbarkeiten R_d sind die zu Grenzzuständen gehörenden Zustandsgrößen des Tragwerkes. Sie sind mit den Bemessungswerten der Widerstandsgrößen M_d zu berechnen und werden auch als Grenzgrößen bezeichnet.

Wenn zur Vermeidung von Verwechslungen Beanspruchbarkeiten zu kennzeichnen sind, ist dafür im allgemeinen der Index R, d zu verwenden.

Wenn keine Verwechslungen mit Beanspruchungen möglich sind, darf der Index R entfallen.

Anmerkung: Beanspruchbarkeiten sind z. B. Grenzspannungen, Grenzschnittgrößen, Grenzabscherkräfte von Schrauben und Grenzdehnungen.

3.2 Weitere Begriffe

(310) Weitere Begriffe werden im Normtext erläutert

3.3 Häufig verwendete Formelzeichen

(311) Koordinaten, Verschiebungs- und Schnittgrößen, Spannungen sowie Imperfektionen

x	Stabachse
y, z	Hauptachsen des Querschnitts
	Die Zeichen sind bei einteiligen Stäben so gewählt, dass $I_y \geq I_z$ ist
u, v, w	Verschiebungen in Richtung der Achsen x, y, z
N	Normalkraft, als Zug positiv
M_y, M_z	Biegemomente
M_x	Torsionsmoment
V_y, V_z	Querkräfte
σ	Normalspannung
τ	Schubspannung
$\Delta\sigma$	Spannungsschwingbreite
φ_0	Stabdrehwinkel des vorverformten (imperfekten) Tragwerks im einwirkungslosen Zustand

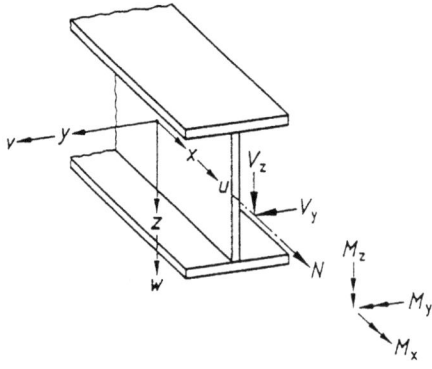

Bild 1. Koordinaten, Verschiebungs- und Schnittgrößen.

Anmerkung: Das Formelzeichen V für Querkraft anstelle von Q wird in Übereinstimmung mit internationalen Regelwerken, z. B. ISO 3898: 1987, gewählt.

(312) **Physikalische Kenngrößen, Festigkeiten**

E	Elastizitätsmodul (E-Modul)
G	Schubmodul
α_T	lineare Temperaturdehnzahl
f_y	Streckgrenze
f_u	Zugfestigkeit
μ	Reibungszahl

(313) **Querschnittsgrößen**

t	Erzeugnisdicke, Blechdicke
b	Breite von Querschnittsteilen
A	Querschnittsfläche
A_{Steg}	Stegfläche, nach Abschnitt 7.5.2, Element 752
	Statisches Moment
	Flächenmoment 2. Grades (früher: Trägheitsmoment)
W	elastisches Widerstandsmoment
N_{pl}	Normalkraft im vollplastischen Zustand
M_{pl}	Biegemoment im vollplastischen Zustand
M_{el}	Biegemoment, bei dem die Spannung σ_x an der ungünstigsten Stelle des Querschnitts f_y erreicht

$\alpha_{pl} = \dfrac{M_{pl}}{M_{el}}$ plastischer Formbeiwert

V_{pl}	Querkraft im vollplastischen Zustand
d	Durchmesser
d_L	Lochdurchmesser
d_{Sch}	Schaftdurchmesser
Δd	Nennlochspiel
a	rechnerische Schweißnahtdicke

Anmerkung: Die Benennung „vollplastischer Zustand" bezieht sich auf die volle Ausnutzung der Plastizität. In Sonderfällen (z. B. Winkel-, U-Profile) können hierbei elastische Restquerschnitte vorhanden sein, vgl. z. B. [7].

(314) **Systemgrößen**

l	Systemlänge eines Stabes
N_{Ki}	Normalkraft unter der kleinsten Verzweigungslast nach der Elastizitätstheorie, als Druck positiv

$s_K = \sqrt{\dfrac{\pi^2 (E \cdot I)}{N_{Ki}}}$ zu N_{Ki} gehörende Knicklänge eines Stabes

(315) **Einwirkungen, Widerstandsgrößen und Sicherheitselemente**

F	Einwirkung (allgemeines Formelzeichen)
G	ständige Einwirkung

84 Auszüge aus DIN 18 800, Teil 1 Stahlbauten, Bemessung und Konstruktion

Q veränderliche Einwirkung
F_A außergewöhnliche Einwirkung
F_E Erddruck
M Widerstandsgröße (allgemeines Formelzeichen)
γ_F Teilsicherheitsbeiwert für die Einwirkungen
γ_M Teilsicherheitsbeiwert für die Widerstandsgrößen
ψ Kombinationsbeiwert für Einwirkungen
S_d Beanspruchung (allgemeines Formelzeichen)
R_d Beanspruchbarkeit (allgemeines Formelzeichen)

Anmerkung: Die Formelzeichen sind zum Teil aus der englischen Sprache abgeleitet: z. B. Force, Stress, Resistance, design.

(316) Nebenzeichen

Index k   charakteristischer Wert einer Größe
Index d   Bemessungswert einer Größe
Index R, d   Beanspruchbarkeit
Index S, d   Beanspruchung
Index w   Schweißen
Index b   Schrauben, Niete, Bolzen
vers   vorangestelltes Nebenzeichen zur Kennzeichnung eines Versuchswertes

Anmerkung 1: Nebenzeichen sind zum Teil aus der englischen Sprache abgeleitet: z. B. weld, bolt.

Anmerkung 2: Diese Nebenzeichen sind zu verwenden, wenn die Gefahr von Verwechselungen besteht.

Anmerkung 3: Es ist z. B. $f_{u,b}$ die Zugfestigkeit eines Schraubenwerkstoffes.

4 Werkstoffe

4.1 Walzstahl und Stahlguss

(401) Übliche Stahlsorten
Es sind folgende Stahlsorten zu verwenden:

1. Von den allgemeinen Baustählen nach DIN 17 100 die Stahlsorten St 37-2, USt 37-2, RSt 37-2, St 37-3 und St 52-3, entsprechende Stahlsorten für kaltgefertigte geschweißte quadratische und rechteckige Rohre (Hohlprofile) nach DIN 17 119 sowie für geschweißte bzw. nahtlose kreisförmige Rohre nach DIN 17 120 bzw. DIN 17 121.
2. Von den schweißgeeigneten Feinkornbaustählen nach DIN 17 102 die Stahlsorten StE 355, WStE 355, TStE 355 und EStE 355, entsprechende Stahlsorten für quadratische und rechteckige Rohre (Hohlprofile) nach DIN 17 125 sowie für geschweißte bzw. nahtlose kreisförmige Rohre nach DIN 17 123 bzw. DIN 17 124.
3. Stahlguß GS-52 nach DIN 1681 und GS-20 Mn 5 nach DIN 17 182 sowie Vergütungsstahl C 35 N nach DIN 17 200 für stählerne Lager, Gelenke und Sonderbauteile.

(402) Andere Stahlsorten
Andere als in Element 401 genannte Stahlsorten dürfen nur verwendet werden, wenn

- die chemische Zusammensetzung, die mechanischen Eigenschaften und die Schweißeignung in den Lieferbedingungen des Stahlherstellers festgelegt sind und diese Eigenschaften einer der in Element 401 genannten Stahlsorten zugeordnet werden können oder
- sie in den Fachnormen vollständig beschrieben und hinsichtlich ihrer Verwendung geregelt sind oder
- ihre Brauchbarkeit auf andere Weise nachgewiesen worden ist.

Anmerkung 1: Die Einschränkungen bei der Wahl des Nachweisverfahrens nach Abschnitt 7.4, Element 726, sind zu beachten.

Anmerkung 2: Die Brauchbarkeit kann z. B. durch eine allgemeine bauaufsichtliche Zulassung oder Zustimmung im Einzelfall nachgewiesen werden.

(403) Stahlauswahl
Die Stahlsorten sind entsprechend dem vorgesehenen Verwendungszweck und ihrer Schweißeignung auszuwählen.

Die „Empfehlungen zur Wahl der Stahlgütergruppen für geschweißte Stahlbauten" (DASt-Richtlinie 009) und „Empfehlungen zum Vermeiden von Terrassenbrüchen in geschweißten Konstruktionen aus Baustahl" (DASt-Richtlinie 014) dürfen für die Wahl der Werkstoffgüte herangezogen werden.

(404) Bescheinigungen
Für die verwendeten Erzeugnisse müssen Bescheinigungen nach DIN 50 049 vorliegen. Für nicht geschweißte Konstruktionen aus Stahl der Sorten St 37-2, USt 37-2, RSt 37-2 und St 37-3 und für untergeordnete Bauteile darf hierauf verzichtet werden, wenn die Beanspruchungen nach der Elastizitätstheorie ermittelt werden.

Werden die Beanspruchungen nach der Plastizitätstheorie ermittelt, sind die Werkstoffeigenschaften mindestens durch ein Werksprüfzeugnis zu belegen.

Für Blech und Breitflachstahl in geschweißten Bauteilen mit Dicken über 30 mm, die im Bereich der Schweißnähte auf Zug beansprucht werden, muss der Aufschweißbiegeversuch nach SEP 1390 durchgeführt und durch ein Abnahmeprüfzeugnis belegt sein.

Anmerkung: SEP: Stahl-Eisen-Prüfblatt

(405) Charakteristische Werte für Walzstahl und Stahlguß
Bei der Ermittlung von Beanspruchungen und Beanspruchbarkeiten sind für Walzstahl und Stahlguß die in Tabelle 1 angegebenen charakteristischen Werte zu verwenden.

Die Veränderung der charakteristischen Werte in Abhängigkeit von der Temperatur ist bei Temperaturen über 100 °C zu berücksichtigen.

Tabelle 1. Als charakteristische Werte für Walzstahl und Stahlguß festgelegte Werte.

	1	2	3	4	5	6	7
	Stahl	Erzeugnis-dicke $t*)$ mm	Streck-grenze $f_{y,k}$ N/mm²	Zug-festig-keit $f_{u,k}$ N/mm²	E-Modul E N/mm²	Schub-modul G N/mm²	Tempe-ratur-dehnzahl α_T K⁻¹
1	Baustahl St 37-2 USt 37-2 R St 37-2	$t \leq 40$	240	360			
2	St 37-3	$40 < t \leq 80$	215				
3	Baustahl	$t \leq 40$	360	510			
4	St 52-3	$40 < t \leq 80$	325				
5	Feinkorn-baustahl StE 355	$t \leq 40$	360	510	210 000	81 000	$12 \cdot 10^{-6}$
6	WStE 355 TStE 355 EStE 355	$40 < t \leq 80$	325				
7	Stahlguß GS-52		260	520			
8	GS-20 Mn 5	$t \leq 100$	260	500			
9	Vergütungs-stahl	$t \leq 16$	300	480			
10	C 35 N	$16 < t \leq 80$	270				

*) Für die Erzeugnisdicke werden in Normen für Walzprofile auch andere Formelzeichen verwendet, z.B. in den Normen der Reihe DIN 1025 s für den Steg.

4.2 Verbindungsmittel

4.2.1 Schrauben, Niete, Kopf- und Gewindebolzen

4.2.2 Schweißzustände, Schweißhilfsstoffe

(414) Es dürfen nur Schweißzusätze und Schweißhilfsstoffe verwendet werden, die nach den „Rahmenbedingungen für die Zulassung von Schweißzusätzen und Schweißhilfsstoffen für den bauaufsichtlichen Bereich" zugelassen sind.

Anmerkung: Schweißhilfsstoffe sind z.B. Schweißpulver und Schutzgase.

4.3 Hochfeste Zugglieder

5 Grundsätze für die Konstruktion

5.1 Allgemeine Grundsätze

(501) Mindestdicken
Die Mindestdicken sind den Fachnormen zu entnehmen.

(502) Verschiedene Stahlsorten
Die Verwendung verschiedener Stahlsorten in einem Tragwerk und in einem Querschnitt ist zulässig.

(503) Krafteinleitungen
Es ist zu prüfen, ob im Bereich von Krafteinleitungen oder -umlenkungen, an Knicken, Krümmungen und Ausschnitten konstruktive Maßnahmen erforderlich sind.

Bei geschweißten Profilen und Walzprofilen mit I-förmigem Querschnitt dürfen Kräfte ohne Aussteifungen eingeleitet werden, wenn

- der Betriebsfestigkeitsnachweis nicht maßgebend ist und
- der Trägerquerschnitt gegen Verdrehen und seitliches Ausweichen gesichert ist und
- der Tragsicherheitsnachweis nach Abschnitt 7.5.1, Element 744, geführt wird.

Anmerkung: Ein Beispiel für konstruktive Maßnahmen ist die Anordnung von Steifen.

5.2 Verbindungen

5.2.1 Allgemeines

(504) Stöße und Anschlüsse
Stöße und Anschlüsse sollen gedrungen ausgebildet werden. Unmittelbare und symmetrische Stoßdeckung ist anzustreben.

Die einzelnen Querschnittsteile sollen für sich angeschlossen oder gestoßen werden.

Knotenbleche dürfen zur Stoßdeckung herangezogen werden, wenn ihre Funktion als Stoß- und als Knotenblech berücksichtigt wird.

Anmerkung: Querschnittsteile sind z. B. Flansche oder Stege.

(505) Kontaktstoß
Wenn Kräfte aus druckbeanspruchten Querschnitten oder Querschnittsteilen durch Kontakt übertragen werden, müssen

- die Stoßflächen der in den Kontaktfugen aufeinandertreffenden Teile eben und zueinander parallel und
- lokale Instabilitäten infolge herstellungsbedingter Imperfektionen ausgeschlossen oder unschädlich sein und
- die gegenseitige Lage der miteinander zu stoßenden Teile nach Abschnitt 8.6, Element 837, gesichert sein.

Bei Kontaktstößen, deren Lage durch Schweißnähte gesichert wird, darf der Luftspalt nicht größer als 0,5 mm sein.

Anmerkung 1: Herstellungsbedingte Imperfektionen können z.B. Versatz oder Unebenheiten sein. Lokale Instabilitäten können insbesondere bei dünnwandigen Bauteilen auftreten, siehe z.B. [2, 3].

Anmerkung 2: Die Anforderung für die Begrenzung des Luftspaltes gilt z.B. für den Anschluss druckbeanspruchter Flansche an Stirnplatten.

5.2.2 Schrauben- und Nietverbindungen

5.2.3 Schweißverbindungen

(514) Allgemeine Grundsätze
Die Bauteile und ihre Verbindungen müssen schweißgerecht konstruiert werden, Anhäufungen von Schweißnähten sollen vermieden werden.

Anmerkung: Für die Stahlauswahl siehe Abschnitt 4.1, Element 403.

(515) Stumpfstoß von Querschnittsteilen verschiedener Dicken
Wechselt an Stumpfstößen von Querschnittsteilen die Dicke, so sind bei Dickenunterschieden von mehr als 10 mm die vorstehenden Kanten im Verhältnis 1:1 oder flacher zu brechen.

Anmerkung:

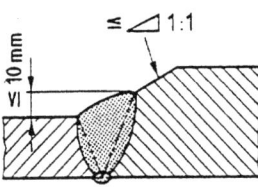   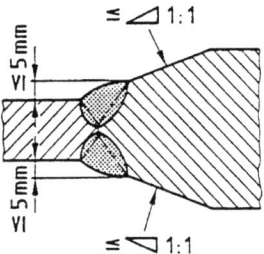

a) Einseitig bündiger Stoß   b) Zentrischer Stoß

Bild 6. Beispiele für das Brechen von Kanten bei Stumpfstößen von Querschnittsteilen mit verschiedenen Dicken.

(516) Obere Begrenzung von Gurtplattendicken
Gurtplatten, die mit Schweißverbindungen angeschlossen oder gestoßen werden, sollen nicht dicker sein als 50 mm. Gurtplatten von mehr als 50 mm Dicke dürfen verwendet werden, wenn ihre einwandfreie Verarbeitung durch entsprechende Maßnahmen sichergestellt ist.

Anmerkung: Entsprechende Maßnahmen siehe DIN 18 800 Teil 7/05.83, Abschnitt 3.4.3.6.

(517) Geschweißte Endanschlüsse zusätzlicher Gurtplatten
Sofern kein Nachweis für den Gurtplattenanschluss geführt wird, ist die zusätzliche Gurtplatte nach Bild 7a) vorzubinden.

Bei Gurtplatten mit $t > 20$ mm darf der Endanschluss nach Bild 7b) ausgeführt werden.

Auszüge aus DIN 18 800, Teil 1 Stahlbauten, Bemessung und Konstruktion 89

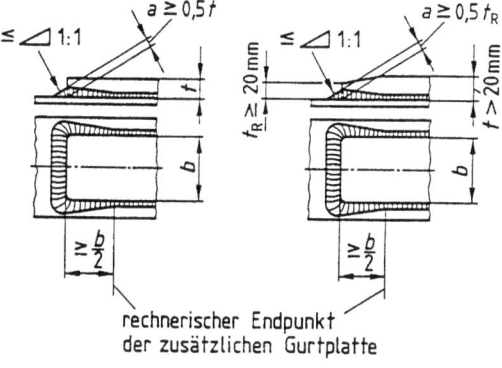

a)   b)

Bild 7. Vorbinden zusätzlicher Gurtplatten.

(518) Gurtplattenstöße
Wenn aufeinanderliegende Gurtplatten an derselben Stelle gestoßen werden, ist der Stoß mit Stirnfugennähten vorzubereiten.

Anmerkung:

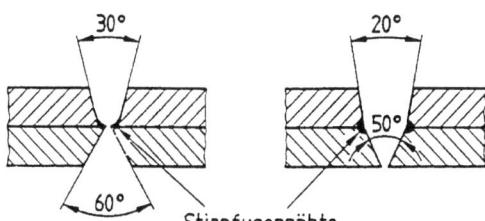

Bild 8. Beispiele für die Nahtvorbereitung eines Stumpfstoßes aufeinanderliegender Gurtplatten.

(519) Grenzwerte für Kehlnahtdicken
Bei Querschnittsteilen mit Dicken $t \geq 3$ mm sollen folgende Grenzwerte für die Schweißnahtdicke a von Kehlnähten eingehalten werden:

$$2 \text{ mm} \leq a \leq 0{,}7 \min t \tag{4}$$

$$a \geq \sqrt{\max t} - 0{,}5 \tag{5}$$

mit a und t in mm.

In Abhängigkeit von den gewählten Schweißbedingungen darf auf die Einhaltung von Bedingung (5) verzichtet werden, jedoch sollte für Blechdicken $t \geq 30$ mm die Schweißnahtdicke mit $a \geq 5$ mm gewählt werden.

Anmerkung: Der Richtwert nach Bedingung (5) vermeidet ein Missverhältnis von Nahtquerschnitt und verbundenen Querschnittsteilen, siehe auch [5].

Tabelle 9. Grenzwerte min (r/t) für das Schweißen in kaltgeformten Bereichen.

	1	2	3
	max t mm	min (r/t) mm	
1	50	10	
2	24	3	
3	12	2	
4	8	1,5	
5	4*)	1	
6	< 4*)	1	

*) Für Bauteile aus St 37-3 darf dieser Wert auf 6 mm erhöht werden.

(520) Schweißnähte bei besonderer Korrosionsbeanspruchung
Bei besonderer Korrosionsbeanspruchung dürfen unterbrochene Nähte und einseitige nicht durchgeschweißte Nähte nur ausgeführt werden, wenn durch besondere Maßnahmen ein ausreichender Korrosionsschutz sichergestellt ist.
Anmerkung: Besondere Korrosionsbeanspruchung liegt z.B. im Freien vor. Als besondere Maßnahme kann z.B. die Anordnung einer zusätzlichen Beschichtung im Bereich des Spaltes angesehen werden.

(521) Schweißnähte in Hohlkehlen von Walzprofilen
In Hohlkehlen von Walzprofilen aus unberuhigt vergossenen Stählen sind Schweißnähte in Längsrichtung nicht zulässig.

(522) Schweißen in kaltgeformten Bereichen
Wenn in kaltgeformten Bereichen einschließlich der angrenzenden Bereiche der Breite $5\,t$ geschweißt wird, sind die Grenzwerte mit r/t nach Tabelle 9 einzuhalten. Zwischen den Werten der Zeilen 1 bis 5 darf linear interpoliert werden.

Die Werte der Umformgrade nach Tabelle 9 brauchen nicht eingehalten zu werden, wenn kaltgeformte Teile vor dem Schweißen normalgeglüht werden.

5.3 Hochfeste Zugglieder

6 Annahmen für die Einwirkungen

7 Nachweise

7.1 Erforderliche Nachweise

(701) Umfang
Die Trag- und die Lagesicherheit sowie die Gebrauchstauglichkeit für das Tragwerk, seine Teile und Verbindungen sowie seiner Lager sind nachzuweisen.

Auszüge aus DIN 18800, Teil 1 Stahlbauten, Bemessung und Konstruktion 91

Anmerkung 1: Mit dem Nachweis der Tragsicherheit wird belegt, dass das Tragwerk und seine Teile während der Errichtung und geplanten Nutzung gegen Versagen (Einsturz) ausreichend sicher sind. Dieses setzt voraus, dass während der Nutzung des Bauwerks keine die Standsicherheit beeinträchtigenden Veränderungen, z. B. Korrosion, eintreten können.

Anmerkung 2: Der Nachweis der Lagesicherheit betrifft in der Regel nur Lagerfugen. In vielen Fällen ist von vornherein erkennbar, dass ein solcher Nachweis entbehrlich ist, z. B. für Abheben eines Einfeld-Deckenträgers.

Anmerkung 3: Die Gebrauchstauglichkeit des Bauwerkes kann je nach Anwendungsbereich Beschränkungen, z. B. von Formänderungen oder von Schwingungen, erforderlich machen. Ihr Nachweis kann insbesondere bei Anwendung des Nachweisverfahrens Plastisch-Plastisch bemessungsbestimmend sein.

(702) Allgemeine Anforderungen
Es ist nachzuweisen, dass die Beanspruchungen S_d die Beanspruchbarkeiten R_d nicht überschreiten:

$$S_d/R_d \leq 1 \tag{10}$$

Die Beanspruchungen S_d sind mit den Bemessungswerten der Einwirkungen F_d und gegebenenfalls den Bemessungswerten der Widerstandsgrößen M_d zu bestimmen. Die Beanspruchbarkeiten R_d sind mit den Bemessungswerten der Widerstandsgrößen M_d zu bestimmen.

Anmerkung 1: In Abhängigkeit vom bewählten Nachweisverfahren und den betrachteten Tragwerksteilen können die Nachweise als Spannungsnachweise, Schnittgrößennachweise, Bauteil- oder Tragwerksnachweise geführt werden.

Anmerkung 2: Die Beanspruchungen können auch von Widerstandsgrößen abhängig sein, wie z. B. von den Steifigkeiten bei Zwängungen in statisch unbestimmten Tragwerken.

(703) Grenzzustände für den Nachweis der Tragsicherheit
Die Tragsicherheit ist für einen oder mehrere der folgenden, vom gewählten Nachweisverfahren abhängigen Grenzzustände nachzuweisen:

- Beginn des Fließens
- Durchplastizieren eines Querschnittes
- Ausbilden einer Fließgelenkkette
- Bruch

Weitere Grenzzustände sind gegebenenfalls anderen Grundnormen und Fachnormen zu entnehmen.

Anmerkung 1: Ob die Grenzzustände Biegeknicken, Biegedrillknicken, Platten- oder Schalenbeulen sowie Ermüdung maßgebend sein können, ergibt sich aus Abschnitt 7.5, Elemente 739, 740, 741 und den Tabellen 12, 13 und 14.

Anmerkung 2: Die Nachweisverfahren sind im Abschnitt 7.4, Element 726 mit Tabelle 11, angegeben.

Anmerkung 3: Angelehnt an den allgemeinen Sprachgebrauch werden nebeneinander die Begriffe Fließen und Plastizieren verwendet. In der Regel wird in den rechnerischen Nachweisen von Bauteilen von der Verfestigung kein Gebrauch gemacht.

(704) Grenzzustände für den Nachweis der Gebrauchstauglichkeit
Grenzzustände für den Nachweis der Gebrauchstauglichkeit sind, soweit sie nicht in anderen Grundnormen oder Fachnormen geregelt sind, zu vereinbaren.

(705) Nachweis der Gebrauchstauglichkeit bei Gefährdung von Leib und Leben
Wenn mit dem Verlust der Gebrauchstauglichkeit eine Gefährdung von Leib und Leben verbunden sein kann, gelten für den Nachweis der Gebrauchstauglichkeit die Regeln für den Nachweis der Tragsicherheit.

Anmerkung: Der Nachweis der Gebrauchstauglichkeit, z. B. der Dichtigkeit von Leitungen, ist dann als Tragsicherheitsnachweis zu führen, wenn es sich beim Inhalt der Leitungen z. B. um giftige Gase handelt.

7.2 Berechnung der Beanspruchungen aus den Einwirkungen

7.2.1 Einwirkungen

(706) Einteilung
Die Einwirkungen F sind nach ihrer zeitlichen Veränderlichkeit einzuteilen in

- ständige Einwirkungen G,
- veränderliche Einwirkungen Q und
- außergewöhnliche Einwirkungen F_A.

Wahrscheinliche Baugrundbewegungen sind wie ständige Einwirkungen zu behandeln. Temperaturänderungen sind in der Regel den veränderlichen Einwirkungen zuzuordnen.

Anmerkung: Außergewöhnliche Einwirkungen sind z. B. Lasten aus Anprall von Fahrzeugen.

(707) Bemessungswerte
Die Bemessungswerte F_d der Einwirkungen sind die mit einem Teilsicherheitsbeiwert γ_F und gegebenenfalls mit einem Kombinationsbeiwert ψ vervielfachten charakteristischen Werte F_k der Einwirkungen:

$$F_d = \gamma_F \cdot \psi \cdot F_k \tag{11}$$

Anmerkung: Die Zahlenwerte für die Teilsicherheitsbeiwerte γ_F und die Kombinationsbeiwerte ψ sind für den Nachweis der Tragsicherheit im Abschnitt 7.2.2 und für den Nachweis der Gebrauchstauglichkeit im Abschnitt 7.2.3 geregelt.

(708) Charakteristische Werte
Die charakteristischen Werte F_k der Einwirkungen F sind nach Abschnitt 6 zu bestimmen.

(709) Dynamische Erhöhung der Einwirkung
Dynamische Erhöhungen der Beanspruchungen sind zu berücksichtigen.

Handelt es sich um eine nichtperiodische Einwirkung, darf sie durch Einwirkungsfaktoren erfasst werden.

Anmerkung 1: Bei veränderlichen Einwirkungen tritt in Abhängigkeit von der Schnelle der Einwirkungen und der dynamischen Reaktion des Bauwerkes eine Erhöhung der Beanspruchung gegenüber dem statischen Wert ein. Beispiele für Einwirkungsfaktoren sind: Stoßfaktor, Schwingfaktor, Böenreaktionsfaktor; sie können z. B. Fachnormen entnommen werden.

Anmerkung 2: Periodische Einwirkungen erfordern im Allgemeinen baudynamische Untersuchungen, insbesondere wenn Bauwerksresonanzen entstehen können.

7.2.2 Beanspruchungen beim Nachweis der Tragsicherheit

(710) Grundkombinationen
Für den Nachweis der Tragsicherheit sind Einwirkungskombinationen aus

- den ständigen Einwirkungen G und **allen** ungünstig wirkenden veränderlichen Einwirkungen Q_i und
- den ständigen Einwirkungen G und jeweils **einer** der ungünstig wirkenden veränderlichen Einwirkungen Q_i zu bilden.

Für die Bemessungswerte der ständigen Einwirkungen G gilt

$$G_d = \gamma_F \cdot G_k \tag{12}$$
mit $\gamma_F = 1{,}35$.

Für die Bemessungswerte der veränderlichen Einwirkungen Q gilt

- bei Berücksichtigung **aller** ungünstig wirkenden veränderlichen Einwirkungen Q_i

$$Q_{i,d} = \gamma_F \cdot \psi_i \cdot Q_{i,k} \tag{13}$$
mit $\gamma_F = 1{,}5$ und $\psi_i = 0{,}9$,

- bei Berücksichtigung nur jeweils **einer** der ungünstig wirkenden veränderlichen Einwirkungen Q_i

$$Q_{i,d} = \gamma_F \cdot Q_{i,k} \tag{14}$$
mit $\gamma_F = 1{,}5$.

Die Definitionen von Einwirkungen Q_i sind den Fachnormen zu entnehmen.

Für 2 und mehr veränderliche Einwirkungen dürfen in Gleichung (13) auch Kombinationsbeiwerte $\psi_i < 0{,}9$ verwendet werden, wenn die Kombinationsbeiwerte zuverlässig ermittelt sind.

Für kontrollierte veränderliche Einwirkungen dürfen in den Gleichungen (13) und (14) kleinere Teilsicherheitsbeiwerte γ_F eingesetzt werden. Sie dürfen jedoch nicht kleiner als 1,35 sein, sofern nicht in Sonderfällen in Fachnormen kleinere Werte angegeben sind.

Anmerkung 1: In den Fachnormen können abweichende Einwirkungskombinationen vereinbart sein.

Anmerkung 2: In den einschlägigen Normen über Lastannahmen werden die Formelzeichen G_k, Q_k und $F_{E,k}$ zur Zeit noch nicht verwendet.

Anmerkung 3: Einwirkungen Q_i können aus mehreren Einzeleinwirkungen bestehen; z.B. sind in der Regel alle vertikalen Verkehrslasten nach DIN 1055 Teil 3 **eine** Einwirkung Q_i.

Anmerkung 4: Untersuchungen zu den Kombinationsbeiwerten ψ_i sind in der Fachliteratur zu finden, z.B. in [6].

Anmerkung 5: Kontrollierte veränderliche Einwirkungen sind solche mit geringer Streuung ihrer Extremwerte, wie z.B. Flüssigkeitslasten in offenen Behältern und betriebsbedingte Temperaturänderungen.

(711) Ständige Einwirkungen, die Beanspruchungen verringern
Wenn ständige Einwirkungen Beanspruchungen aus veränderlichen Einwirkungen verringern, gilt für den Bemessungswert der ständigen Einwirkung

$$G_d = \gamma_F \cdot G_k \tag{15}$$
mit $\gamma_F = 1,0$.

Falls die Einwirkung Erddruck die vorhandenen Beanspruchungen verringert, so gilt für den Bemessungswert des Erddruckes

$$F_{E,d} = \gamma_F \cdot F_{E,k} \tag{16}$$
mit $\gamma_F = 0,6$.

Anmerkung: Die Regel bezüglich Gleichung (15) gilt z.B. für den Tragsicherheitsnachweis von Dächern bei Windsog oder Unterwind.

(712) Ständige Einwirkungen, von denen Teile Beanspruchungen verringern
Wenn Teile ständiger Einwirkungen Beanspruchungen aus veränderlichen Einwirkungen verringern, sind zusätzlich zu Element 710 Grundkombinationen zu bilden. In Gleichung (12) ist anstelle von $\gamma_F = 1,35$ zu setzen
- für die Teile, die diese Beanspruchungen vergrößern $\gamma_F = 1,1$,
- für die Teile, die diese Beanspruchungen verringern $\gamma_F = 0,9$.

Bei Rahmen und Durchlaufträgern darf auf diese zusätzliche Grundkombination verzichtet werden.

Wenn durch Kontrolle die Unter- bzw. Überschreitung von ständigen Lasten mit hinreichender Zuverlässigkeit ausgeschlossen ist, darf mit $\gamma_F = 1,05$ bzw. 0,95 gerechnet werden.

Anmerkung: Diese zusätzlichen Grundkombinationen können nur bei Tragwerken vom Typ Waagebalken maßgebend werden. Bei diesen Tragwerken ergibt sich die Beanspruchung aus ständigen Einwirkungen aus der Differenz der sie vergrößernden und verringernden Einwirkungen.

(713) Erhöhung relativ kleiner Beanspruchung
Ergeben sich lokal vergleichsweise geringe Beanspruchungen, muss geprüft werden, ob sich durch kleine Veränderungen des Systems oder Lastbildes größere Beanspruchungen oder solche mit anderen Vorzeichen ergeben. Gegebenenfalls sind additive Zuschläge zu den Beanspruchungen vorzusehen.

Auszüge aus DIN 18800, Teil 1 Stahlbauten, Bemessung und Konstruktion 95

Anmerkung: Beispiele sind Biegemomente in Stößen im Bereich von Momentennullpunkten und kleine Normalkräfte in Fachwerkstäben, bei denen eine Vorzeichenumkehr möglich ist.

(714) Außergewöhnliche Kombinationen
Die Beanspruchungen S_d sind mit den Bemessungswerten F_d der Einwirkungen zu berechnen. Dafür sind Einwirkungskombinationen aus den ständigen Einwirkungen G, allen ungünstig wirkendenveränderlichen Einwirkungen Q_i und einer außergewöhnlichen Einwirkung F_A zu bilden.

Für die Bemessungswerte gelten dabei für

- ständige Einwirkungen G und veränderliche Einwirkungen Q
  die Gleichungen (12) und (13) jedoch
  mit $\gamma_F = 1{,}0$ und
- die außergewöhnliche Einwirkung F_A
  $$F_{A,d} = \gamma_F \cdot F_{A,k} \tag{17}$$
  mit $\gamma_F = 1{,}0$.

7.2.3 Beanspruchungen beim Nachweis der Gebrauchstauglichkeit

(715) Vereinbarungen
Teilsicherheitsbeiwerte, Kombinationsbeiwerte und Einwirkungskombinationen für den Nachweis der Gebrauchstauglichkeit sind, soweit sie nicht in anderen Grundnormen oder Fachnormen geregelt sind, zu vereinbaren.

Anmerkung: Der Nachweis der Gebrauchstauglichkeit ist in den meisten Fällen ein Nachweis der Größe der Verformungen. Bei der Verformungsberechnung ist gegebenenfalls auch das plastische Verhalten zu berücksichtigen; dies gilt insbesondere bei Tragwerken, deren Tragsicherheitsnachweis nach dem Verfahren Plastisch-Plastisch (siehe Tabelle 11) geführt wird.

(716) Verlust der Gebrauchstauglichkeit verbunden mit der Gefährdung von Leib und Leben
Wenn der Verlust der Gebrauchstauglichkeit mit einer Gefährdung von Leib und Leben verbunden ist, sind die Beanspruchungen nach Abschnitt 7.2.2 zu berechnen.

7.3 Berechnung der Beanspruchbarkeiten aus den Widerstandsgrößen

7.3.1 Widerstandsgrößen

(717) Bemessungswerte
Die Bemessungswerte M_d der Widerstandsgrößen sind im Allgemeinen (Ausnahmen siehe Abschnitt 7.5.4, Element 759) aus den charakteristischen Größen M_k der Widerstandsgrößen durch Dividieren durch den Teilsicherheitsbeiwert γ_M zu berechnen.

$$M_d = M_k / \gamma_M \tag{18}$$

Anmerkung: Der Nachweis mit den γ_M-fachen Bemessungswerten der Einwirkungen und den charakteristischen Werten der Widerstandsgrößen führt zum gleichen Ergebnis wie der Nachweis mit den Bemessungswerten der Einwirkungen und der Widerstandsgrößen, wenn für alle Widerstandsgrößen derselbe Wert γ_M gilt.

(718) Charakteristische Werte der Festigkeiten
Die charakteristischen Werte der Festigkeiten $f_{y,k}$ und $f_{u,k}$ sind Abschnitt 4 zu entnehmen oder anderenfalls den 5%-Fraktilen der zugeordneten Werkstoffkennwerte R_{eH} und R_m gleichzusetzen.

(719) Charakteristische Werte der Steifigkeiten
Die charakteristischen Werte der Steifigkeiten sind aus den Nennwerten der Querschnittswerte und den charakteristischen Werten für den Elastizitäts- oder den Schubmodul zu berechnen.

Für die in Tabelle 1 aufgeführten Werkstoffe dürfen die dort angegebenen Werte als charakteristische Werte verwendet werden.

(720) Teilsicherheitsbeiwerte γ_M zur Berechnung der Bemessungswerte der Festigkeiten beim Nachweis der Tragsicherheit
Falls in anderen Normen nichts anderes geregelt ist, gilt für den Teilsicherheitsbeiwert

$$\gamma_M = 1{,}1. \tag{19}$$

(721) Teilsicherheitsbeiwerte γ_M zur Berechnung der Bemessungswerte der Steifigkeiten beim Nachweis der Tragsicherheit
Falls in anderen Normen nichts anderes geregelt ist, gilt für den Teilsicherheitsbeiwert

$$\gamma_M = 1{,}1. \tag{20}$$

Falls sich eine abgeminderte Steifigkeit weder erhöhend auf die Beanspruchungen noch ermäßigend auf die Beanspruchbarkeiten auswirkt, darf mit

$$\gamma_M = 1{,}0 \tag{21}$$

gerechnet werden.

Falls nach Abschnitt 7.5.1, Elemente 739 und 740, keine Nachweise der Biegeknick- oder Biegedrillknicksicherheit erforderlich sind, darf immer mit $\gamma_M = 1{,}0$ gerechnet werden.

Anmerkung: Bei der Berechnung von Schnittgrößen aus Zwängungen nach der Elastizitätstheorie würde ein Teilsicherheitsbeiwert $\gamma_M = 1{,}1$ bei der Berechnung der Bemessungswerte der Steifigkeit zu einer Ermäßigung der Zwängungsbeanspruchungen führen. Daher gilt in diesem Fall $\gamma_M = 1{,}0$.

(722) Teilsicherheitsbeiwerte γ_M beim Nachweis der Gebrauchstauglichkeit
Für den Nachweis der Gebrauchstauglichkeit gilt im allgemeinen

$$\gamma_M = 1{,}0, \tag{22}$$

falls nicht in anderen Grundnormen oder Fachnormen andere Werte festgelegt sind.

(723) Verlust der Gebrauchstauglichkeit, verbunden mit der Gefährdung von Leib und Leben
Wenn der Verlust der Gebrauchstauglichkeit mit einer Gefährdung von Leib und Leben verbunden ist, sind die Beanspruchbarkeiten nach Element 720 zu berechnen.

7.3.2 Beanspruchbarkeiten

(724) Ermittlung der Beanspruchbarkeiten
Die Beanspruchbarkeiten R_d sind aus den Bemessungswerten der Widerstandsgrößen M_d zu berechnen oder durch Versuche zu bestimmen.

Anmerkung: Die Planung, Durchführung und Auswertung von Versuchen setzt besondere Kenntnisse und Erfahrungen voraus, so dass dafür nur qualifizierte und erfahrene Institute in Frage kommen. Vergleiche hierzu auch Abschnitt 2, Element 207.

(725) Einwirkungsunempfindliche Systeme
Falls Beanspruchungen gegen Änderungen von Einwirkungen wenig empfindlich sind, sind die Beanspruchungen mit den 0,9fachen Bemessungswerten der Einwirkungen zu berechnen, und der Tragsicherheitsnachweis ist mit dem Teilsicherheitsbeiwert $\gamma_M = 1,2$ zu führen.

Anmerkung 1: Wenn Änderungen bei den Einwirkungen sich auf die Beanspruchungen wenig auswirken, muß zum Erzielen einer ausreichenden Gesamtsicherheit der Teilsicherheitsbeiwert auf der Widerstandsseite erhöht werden.

Anmerkung 2: In weichen Seilsystemen und in Stabsystemen, die seilähnlich wirken, können die Zugkräfte stark unterlinear mit den Einwirkungen zunehmen. Bei vorwiegend biegebeanspruchten Stäben ist dies nicht der Fall.

7.4 Nachweisverfahren

(726) Einteilung der Verfahren
Die Nachweise sind nach einem der drei in Tabelle 11 genannten Verfahren zu führen.

Die nachfolgenden Regeln für die Nachweisverfahren Elastisch-Plastisch und Plastisch-Plastisch gelten nur für Baustähle, deren Verhältnis von Zugfestigkeit zu Streckgrenze größer als 1,2 ist.

Anmerkung 1: Üblicherweise wird der Nachweis beim Verfahren

- Elastisch-Elastisch mit Spannungen
- Elastisch-Plastisch mit Schnittgrößen und
- Plastisch-Plastisch mit Einwirkungen oder Schnittgrößen

geführt.

Tabelle 11. Nachweisverfahren, Bezeichnungen

	Nachweisverfahren	Berechnung der		Geregelt in Abschnitt
		Beanspruchungen S_d	Beanspruchbarkeiten R_d	
		nach		
1	Elastisch-Elastisch	Elastizitätstheorie	Elastizitätstheorie	7.5.2
2	Elastisch-Plastisch	Elastizitätstheorie	Plastizitätstheorie	7.5.3
3	Plastisch-Plastisch	Plastizitätstheorie	Plastizitätstheorie	7.5.4

Anmerkung 2: Im Stahlbetonbau werden die drei Nachweisverfahren nach Tabelle 11 auch wie folgt bezeichnet:

Zeile 1 linearelastisch – linearelastisch
Zeile 2 linearelastisch – nichtlinear
Zeile 3 bilinear – nichtlinear

Anmerkung 3: Für die in Abschnitt 4.1, Element 401, Nummer 1 und 2 genannten Stähle ist das Verhältnis von Zugfestigkeit zu Streckgrenze größer als 1,2.

(727) Allgemeine Regeln
Beim Nachweis sind grundsätzlich zu berücksichtigen:

- Tragwerksverformungen (Element 728)
- geometrische Imperfektionen (Elemente 729 ff.)
- Schlupf in Verbindungen (Element 733)
- planmäßige Außermittigkeiten (Element 734)

(728) Tragwerksverformungen
Tragwerksverformungen sind zu berücksichtigen, wenn sie zur Vergrößerung der Beanspruchungen führen.

Bei der Berechnung sind die Gleichgewichtsbedingungen am verformten System aufzustellen (Theorie II. Ordnung). Der Einfluss der sich nach Theorie II. Ordnung ergebenden Verformungen auf das Gleichgewicht darf vernachlässigt werden, wenn der Zuwachs der maßgebenden Schnittgrößen infolge der nach Theorie I. Ordnung ermittelten Verformungen nicht größer als 10% ist.

Anmerkung: Verformungen können zu einer Vergrößerung der Beanspruchungen führen, wenn durch sie

- Abtriebskräfte entstehen (Theorie II. Ordnung, siehe DIN 18800 Teil 2).
- eine Vergrößerung der planmäßigen Lasten eintritt, z. B. bei Bildung von Schnee- oder Wassersäcken auf Flachdächern.

(729) Geometrische Imperfektionen von Stabwerken
Geometrische Imperfektionen in Form von Vorverdrehungen der Stabachsen gegenüber den planmäßigen Stabachsen sind zu berücksichtigen, wenn sie zur Vergrößerung der Beanspruchung führen.

Vorverdrehungen sind für solche Stäbe und Stabzüge anzunehmen, die am verformten Stabtragwerk Stabdrehwinkel aufweisen können und die durch Druckkräfte beansprucht werden.

Von den möglichen Imperfektionen sind diejenigen anzunehmen, die sich auf die jeweils betrachtete Beanspruchung am ungünstigsten auswirken.

Als für ein bestimmtes Stabwerk mögliche Vorverdrehungen gelten solche, die bei der vorgesehenen Art und Weise von Herstellung und Montage durch Abweichung von planmäßigen Maßen verursacht werden können. Die Imperfektionen brauchen dabei nicht mit den geometrischen Randbedingungen des Systems verträglich zu sein.

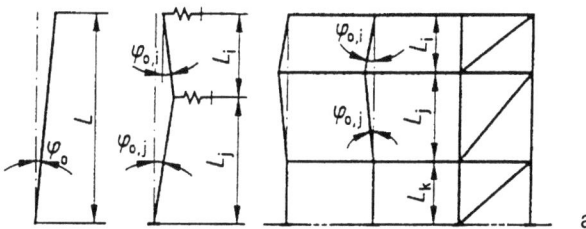

a) Systeme von perfekten (unterbrochen dargestellt) und infolge Vorverdrehung von Stäben möglichen imperfekten Stabwerken (ausgezogen dargestellt)

L_i, L_j, L_k Länge der Stäbe i, j, k
$\varphi_{0,i}, \varphi_{0,j}$ Winkel der Vorverdrehung der Stäbe i, j

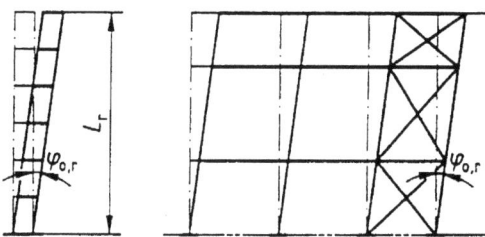

b) Systeme von perfekten (unterbrochen dargestellt) und infolge Vorverdrehung von Stabzügen möglichen imperfekten Stabwerken (ausgezogen dargestellt)

L_r Länge des Stabzuges r
$\varphi_{0,r}$ Winkel der Vorverdrehung des Stabzuges r

Bild 12. Zu den Begriffen für die geometrischen Imperfektionen von Stabwerken.

Anmerkung: Durch den Ansatz von Imperfektionen in Form von Vorverdrehungen nach den Elementen 729 bis 732 sollen mögliche Abweichungen von der planmäßigen Geometrie des Tragwerkes berücksichtigt werden.

DIN 18 800 Teil 2 fordert zusätzlich Imperfektionen in Form von Vorkrümmungen, weil die Ersatzimperfektionen nach DIN 18 800 Teil 2 auch den Einfluss struktureller Imperfektionen, z. B. Eigenspannungen, und den Einfluss von Unsicherheiten der Rechenmodelle, z. B. die Nichtberücksichtigung teilplastischer Verformungen bei der Fließgelenktheorie, berücksichtigen.

Ursachen für imperfekte Stabwerke können z. B. sein: Abweichungen von den planmäßigen Stablängen, von den planmäßigen Winkeln zwischen Stäben in Verbindungen und von den planmäßigen Lagen von Auflagerpunkten.

Unplanmäßiger Versatz von Stäben in Knoten ist im Allgemeinen nicht anzunehmen.

(730) Art und Größe der Imperfektionen
Für den bzw. die größten Stabdrehwinkel der Vorverformung einer Imperfektionsfigur gilt Gleichung (23).

$$\varphi_0 = \frac{1}{400} \cdot r_1 \cdot r_2 \tag{23}$$

Hierin bedeuten:

$$r_1 = \sqrt{\frac{5}{L}}$$

Reduktionsfaktor für Stäbe oder Stabzüge mit $L > 5$ m, wobei L die Länge des vorverdrehten Stabes bzw. Stabzuges in m ist. Maßgebend ist jeweils derjenige Stab oder Stabzug, dessen Vorverdrehung sich auf die betrachtete Beanspruchung am ungünstigsten auswirkt.

$$r_2 = \frac{1}{2}\left(1 + \sqrt{\frac{1}{n}}\right)$$

Reduktionsfaktor zur Berücksichtigung von n voneinander unabhängigen Ursachen für Vorverdrehungen von Stäben und Stabzügen.

Bei der Berechnung des Reduktionsfaktors r_2 für Rahmen darf in der Regel für n die Anzahl der Stiele des Rahmens je Stockwerk in der betrachteten Rahmenebene eingesetzt werden. Stiele mit geringer Normalkraft zählen dabei nicht. Als Stiele mit geringer Normalkraft gelten solche, deren Normalkraft kleiner als 25 % der Normalkraft des maximal belasteten Stieles im betrachteten Geschoß und der betrachteten Rahmenebene ist.

Anmerkung 1: Bei der Berechnung der Geschoßquerkraft in einem mehrgeschossigen Stabwerk sind Vorverdrehungen für die Stäbe des betrachteten Geschosses am ungünstigsten. Daher ist in r_1 für sie die Systemlänge L der Geschoßstiele einzusetzen. In den übrigen Geschossen darf in r_1 für die Systemlänge L die Gebäudehöhe L_r gesetzt werden (siehe Bild 13).

Anmerkung 2: Imperfektionen können auch durch den Ansatz gleichwertiger Ersatzlasten berücksichtigt werden (vergleiche hierzu auch DIN 18 800 Teil 2, Bild 7).

(731) Reduktion der Grenzwerte der Stabdrehwinkel
Abweichend von Element 730 dürfen geringere Imperfektionen angesetzt werden, wenn die vorgesehenen Herstellungs- und Montageverfahren dies rechtfertigen und nachgewiesen wird, dass die Annahmen für die Imperfektionen eingehalten sind.

(732) Stabwerke mit geringen Horizontallasten
Sofern auf das Tragwerk als Ganzes oder auf seine stabilisierenden Bauteile nur geringe Horizontallasten einwirken, die in der Summe nicht mehr als 1/400 der das Tragwerk ungünstig beanspruchenden Vertikallasten betragen, sind die Imperfektionen nach Element 730 zu verdoppeln, wenn entsprechend Element 728 nach Theorie I. Ordnung gerechnet werden darf.

Anmerkung: Diese Regelung betrifft z. B. sogenannte „Haus in Haus"-Konstruktionen, die keine Windbelastung erhalten.

(733) Schlupf in Verbindungen
Der Schlupf in Verbindungen ist zu berücksichtigen, wenn nicht von vornherein erkennbar ist, dass er vernachlässigbar ist.

Auszüge aus DIN 18 800, Teil 1 Stahlbauten, Bemessung und Konstruktion 101

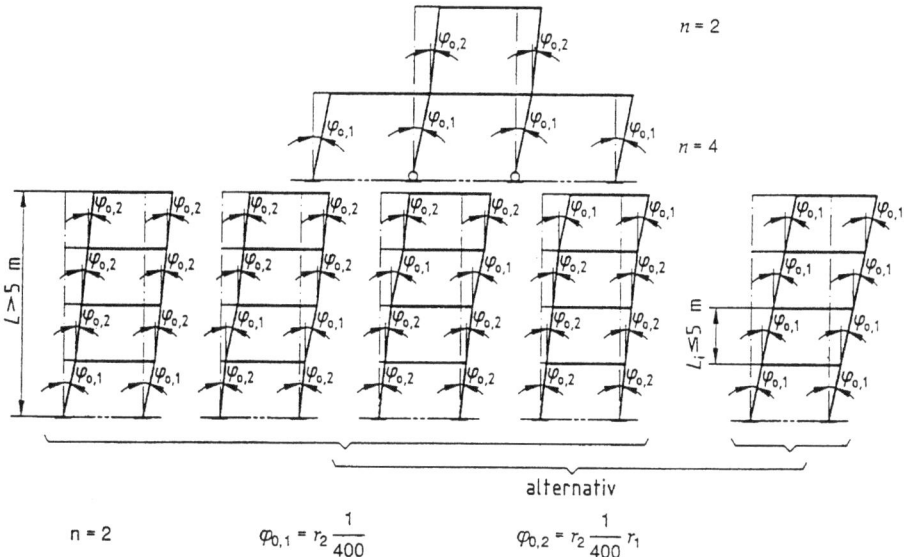

Bild 13. Beispiele für Vorverdrehungen in Stabwerken.

Bei Fachwerkträgern darf der Schlupf im Allgemeinen vernachlässigt werden.

Anmerkung 1: Bei Durchlaufträgern, die über der Innenstütze mittels Flanschlaschen gestoßen sind, kann die Durchlaufwirkung durch zur Trägerhöhe relativ großes Lochspiel stark beeinträchtigt werden.

Anmerkung 2: Bei Fachwerkträgern, die der Stabilisierung dienen, kann die Vernachlässigung des Schlupfes unzulässig sein, dies gilt z. B. bei kurzen Stäben.

Anmerkung 3: Zur Nachgiebigkeit von Verbindungen im Unterschied zum Schlupf vergleiche Element 737.

(734) Planmäßige Außermittigkeiten
Planmäßige Außermittigkeiten sind zu berücksichtigen.

Bei Gurten von Fachwerken mit einem über die Länge veränderlichen Querschnitt darf in der Regel die Außermittigkeit des Kraftangriffs im Einzelstab unberücksichtigt bleiben, wenn die gemittelte Schwerachse der Einzelquerschnitte in die Systemlinie des Fachwerkgurtes gelegt wird.

Anmerkung: Planmäßige Außermittigkeiten sind vielfach konstruktionsbedingt, z. B. an Anschluss- oder Stoßstellen.

Beispiel nach Bild 14: Knotenblechfreies Fachwerk, bei dem der Schnittpunkt der Schwerachsen der Diagonalen nicht auf der Schwerachse des Gurtes liegt.

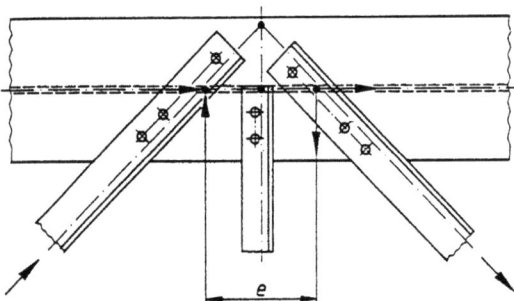

Bild 14. Berücksichtigung planmäßiger Außermittigkeiten in der Bildebene.

(735) Spannungs-Dehnungs-Beziehungen
Bei der Berechnung nach der Elastizitätstheorie ist linearelastisches Werkstoffverhalten (Hookesches Gesetz) anzunehmen, bei der Berechnung nach der Plastizitätstheorie linearelastisch-idealplastisches Werkstoffverhalten.

Die Verfestigung des Werkstoffes darf berücksichtigt werden, wenn sich diese nur auf lokal eng begrenzte Bereiche erstreckt.

Anmerkung: Die Verfestigung wird z. B. in Bereichen von Fließgelenken oder Löchern von Zugstäben ausgenutzt.

(736) Kraftgrößen-Weggrößen-Beziehungen für Stabquerschnitte
Für die Kraftgrößen-Weggrößen-Beziehungen dürfen die üblichen vereinfachten Annahmen getroffen werden, soweit ohne weiteres erkennbar ist, dass diese berechtigt sind.

Anmerkung 1: Nicht berechtigt ist z. B. die Annahme des Ebenbleibens der Querschnitte (Bernoulli-Hypothese),

- wenn Stäbe schubweiche Elemente enthalten,
- wenn Träger sehr kurz sind und deshalb die Schubverzerrung nicht vernachlässigt werden darf,
- im Fall der Wölbkrafttorsion.

Anmerkung 2: Für Querschnitte mit plastischen Formbeiwerten $\alpha_{pl} > 1{,}25$ ist Abschnitt 7.5.3, Element 755, zu beachten.

(737) Kraftgrößen-Weggrößen-Beziehungen für Verbindungen
Die Nachgiebigkeit der Verbindung ist zu berücksichtigen, wenn nicht von vornherein erkennbar ist, dass sie vernachlässigbar ist. Sie ist durch Kraftgrößen-Weggrößen-Beziehungen zu beschreiben.

Kraftgrößen-Weggrößen-Beziehungen dürfen bereichsweise linearisiert werden.

Wenn in Verbindungen abhängig von der Einwirkungssituation Schnittgrößen mit wechselndem Vorzeichen auftreten, ist gegebenenfalls der Einfluss von Wechselbewegungen (Schlupf) und Wechselplastizierungen auf die Steifigkeit und Festigkeit zu berücksichtigen.

Auszüge aus DIN 18 800, Teil 1 Stahlbauten, Bemessung und Konstruktion 103

Anmerkung 1: Damit können z. B. steifenlose Trägerverbindungen in ihrem Einfluss erfasst werden.

Anmerkung 2: Zum Schlupf in Verbindungen vergleiche Element 733.

(738) Einfluss von Eigen-, Neben- und Kerbspannungen
Eigenspannungen aus dem Herstellungsprozess (wie Walzen, Schweißen, Richten), Nebenspannungen und Kerbspannungen brauchen nicht berücksichtigt zu werden, wenn nicht ein Betriebsfestigkeitsnachweis zu führen ist (siehe Abschnitt 7.5.1, Element 741).

Anmerkung: Es dürfen z. b. die Stabkräfte von Fachwerkträgern unter Annahme reibungsfreier Gelenke in den Knotenpunkten berechnet werden.

7.5 Verfahren beim Tragsicherheitsnachweis

7.5.1 Abgrenzungskriterien und Detailregelungen

(739) Biegeknicken
Für Stäbe und Stabwerke ist der Nachweis der Biegeknicksicherheit nach DIN 18 800 Teil 2 zu führen.

Der Einfluss der sich nach Theorie II. Ordnung ergebenden Verformungen auf das Gleichgewicht darf vernachlässigt werden, wenn der Zuwachs der maßgebenden Biegemomente infolge der nach Theorie I. Ordnung ermittelten Verformungen nicht größer als 10% ist.

Diese Bedingung darf als erfüllt angesehen werden, wenn

a) die Normalkräfte N des Systems nicht größer als 10% der zur idealen Knicklast gehörenden Normalkräfte $N_{Ki,d}$ des Systems sind (bei Anwendung der Fließgelenktheorie ist hierbei das statische System unmittelbar vor Ausbildung des letzten Fließgelenks zugrunde zu legen), oder

b) die bezogenen Schlankheitsgrade $\bar{\lambda}_K$ nicht größer als $0{,}3 \sqrt{f_{y,d}/\sigma_N}$ sind mit $\sigma_N = N/A$, $\bar{\lambda}_K = \lambda_K/\lambda_a$, $\lambda_K = s_K/i$, $\lambda_a = \pi \sqrt{E/f_{y,k}}$, oder

c) die mit den Knicklängenbeiwerten $\beta = s_K/l$ multiplizierten Stabkennzahlen $\varepsilon = l \sqrt{N/(E \cdot I)_d}$ aller Stäbe nicht größer als 1,0 sind.

Bei veränderlichen Querschnitten oder Normalkräften sind $(E \cdot I)$, N_{Ki} und s_K für die Stelle zu ermitteln, für die der Tragsicherheitsnachweis geführt wird. Im Zweifelsfall sind mehrere Stellen zu untersuchen.

Anmerkung: In den Bedingungen a), b) und c) ist die Normalkraft N entsprechend den Regelungen in DIN 18 800 Teil 2 als Druckkraft positiv anzusetzen, vergleiche auch Abschnitt 3.3, Element 314.

(740) Biegedrillknicken
Für Stäbe und Stabwerke ist der Nachweis der Biegedrillknicksicherheit nach DIN 18 800 Teil 2 zu führen.

Der Nachweis darf entfallen bei

– Stäben mit Hohlquerschnitt oder
– Stäben mit I-förmigem Querschnitt bei Biegung um die *z*-Achse oder

– Stäben mit I-förmigem, zur Stegachse symmetrischem Querschnitt bei Biegung um die y-Achse, wenn der Druckgurt dieser Stäbe in einzelnen Punkten im Abstand c nach Bedingung (24) seitlich unverschieblich gehalten ist.

$$c \leq 0{,}5\, \lambda_a \cdot i_{z,g} \cdot \frac{M_{pl,y,d}}{M_y} \qquad (24)$$

mit

M_y größter Absolutwert des maßgebenden Biegemomentes
$\lambda_a = \pi\,\sqrt{E/f_{y,k}}$ Bezugsschlankheitsgrad
$i_{z,g}$ Trägheitsradius um die Stegachse z der aus Druckgurt und $1/5$ des Steges gebildeten Querschnittsfläche

Anmerkung: In DIN 18 800 Teil 2, Abschnitt 3.3.3, Element 310, ist zusätzlich ein Druckkraftbeiwert k_c berücksichtigt, der hier aus Vereinfachungsgründen auf der sicheren Seite zu 1 gesetzt worden ist.

(741) Betriebsfestigkeit
Ein Betriebsfestigkeitsnachweis ist zu führen.

Der Nachweis darf entfallen, wenn als veränderliche Einwirkungen zur Schnee, Temperatur, Verkehrslasten nach DIN 1055 Teil 3/06.71, Abschnitt 1.4 und Windlasten ohne periodische Anfachung des Bauwerks auftreten.

Weiterhin darf auf einen Betriebsfestigkeitsnachweis verzichtet werden, wenn Bedingung (25) oder (26) erfüllt ist.

$$\Delta\sigma < 26\ \text{N/mm}^2 \qquad (25)$$
$$n < 5 \cdot 10^6\,(26/\Delta\sigma)^3 \qquad (26)$$

mit

$\Delta\sigma = \max\sigma - \min\sigma$ Spannungsschwingbreite in N/mm² unter den Bemessungswerten der veränderlichen Einwirkungen für den Tragsicherheitsnachweis nach Abschnitt 7.2.2
n Anzahl der Spannungsspiele

Bei der Berechnung von $\Delta\sigma$ brauchen die im ersten Absatz genannten veränderlichen Einwirkungen nicht berücksichtigt zu werden.

Bei mehreren veränderlichen Einwirkungen darf $\Delta\sigma$ für die einzelnen Einwirkungen getrennt berechnet werden.

Anmerkung: Die Bedingung (26) ist orientiert am Betriebsfestigkeitsnachweis für den ungünstigsten vorgesehenen Kerbfall und volles Kollektiv. Sie erfasst den ungünstigen Fall, in dem das für den Kerbfall maßgebende Bauteil für Überwachung und Instandhaltung schlecht zugänglich ist und sein Ermüdungsversagen den katastrophalen Zusammenbruch des Tragsystemes zur Folge haben kann. Da in Bedingung (26) – abweichend von den Regelungen für Betriebsfestigkeitsnachweise – die Spannungen σ des Tragsicherheitsnachweises verwendet werden, liegt sie auf der sicheren Seite.

(742) Lochschwächungen
Lochschwächungen sind bei der Berechnung der Beanspruchbarkeiten zu berücksichtigen.

Auszüge aus DIN 18800, Teil 1 Stahlbauten, Bemessung und Konstruktion 105

Im Druckbereich und bei Schub darf der Lochabzug entfallen, wenn

- bei Schrauben das Lochspiel höchstens 1,0 mm beträgt oder bei größerem Lochspiel die Tragwerksverformungen nicht begrenzt werden müssen
oder
- die Löcher mit Nieten ausgefüllt sind.

In zugbeanspruchten Querschnittsteilen darf der Lochabzug entfallen, wenn die Bedingung (27) erfüllt ist.

$$\frac{A_{\text{Brutto}}}{A_{\text{Netto}}} \leq \begin{cases} 1{,}2 \text{ für St 37} \\ 1{,}1 \text{ für St 52} \end{cases} \tag{27}$$

In Querschnitten oder Querschnittsteilen aus anderen Stählen mit gebohrten Löchern darf die Grenzzugkraft $N_{R,d}$ im Nettoquerschnitt unter Zugrundelegung der Zugfestigkeit des Werkstoffes nach Gleichung (28) berechnet werden.

$$N_{R,d} = A_{\text{Netto}} \cdot f_{u,k}/(1{,}25 \cdot \gamma_M) \tag{28}$$

Wenn in zugbeanspruchten Querschnittsteilen die Beanspruchbarkeiten mit der Streckgrenze berechnet werden oder Bedingung (27) erfüllt ist, darf der durch die Lochschwächung verursachte Versatz der Querschnittsschwerachsen unberücksichtigt bleiben.

Bei der Berechnung der Schnittgrößen und der Formänderungen dürfen Lochabzüge unberücksichtigt bleiben.

Anmerkung: Wenn das Lochspiel größer als 1,0 mm ist, können größere Verformungen z. B. durch Zusammenquetschen im Bereich der Löcher entstehen.

(743) Unsymmetrische Anschlüsse
Bei Zugstäben mit unsymmetrischem Anschluss durch nur eine Schraube ist in Gleichung (28) als Nettoquerschnitt der zweifache Wert des kleineren Teils des Nettoquerschnittes einzusetzen, falls kein genauerer Nachweis geführt wird.

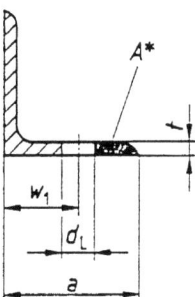

$A_{\text{Netto}} = 2\,A^*$
für Gleichung

Bild 15. Nettoquerschnitt eines Winkelanschlusses.

(744) Krafteinleitungen
Werden in Walzprofile mit I-förmigem Querschnitt Kräfte ohne Aussteifung unter den in Abschnitt 5.1, Element 503, genannten Voraussetzungen eingeleitet, ist die Grenzkraft $F_{R,d}$ wie folgt zu berechnen:

- für σ_x und σ_z mit unterschiedlichen Vorzeichen und $|\sigma_x| > 0{,}5\, F_{y,k}$

$$F_{R,d} = \frac{1}{\gamma_M} s \cdot l \cdot f_{y,k} \,(1{,}25 - 0{,}5\, |\sigma_x|/f_{y,k}) \tag{29}$$

- für alle anderen Fälle

$$F_{R,d} = \frac{1}{\gamma_M} s \cdot l \cdot f_{y,k} \tag{30}$$

Hierin bedeuten:

σ_x Normalspannung im Träger im maßgebenden Schnitt nach Bild 16
s Stegdicke des Trägers
l mittragende Länge nach Bild 16

Die Grenzkraft $F_{R,d}$ darf für geschweißte Profile mit I-förmigem Querschnitt nach den Gleichungen (29) bzw. (30) berechnet werden, wenn die Stegschlankheit $h/s \leq 60$ ist. Bei Stegschlankheiten $h/s > 60$ ist zusätzlich ein Beulsicherheitsnachweis für den Steg zu führen. Für die Berechnung von c und l ist für geschweißte I-förmige Querschnitte der Wert $r = a$ (Schweißnahtdicke) zu setzen.

Anmerkung 1: In den Gleichungen (25) und (30) wird von einer konstanten Spannung σ_z über die Bereiche der Längen l bzw. l_i ausgegangen.

Anmerkung 2: Ein Tragsicherheitsnachweis nach Abschnitt 7.5.2, Element 748, ist im Bereich der Krafteinleitungen nicht erforderlich.

Anmerkung 3: In die Bilder 16a und c sind nicht alle Kraftgrößen, die zum Gleichgewicht gehören, eingetragen.

7.5.2 Nachweis nach dem Verfahren Elastisch-Elastisch

(745) Grundsätze

Die Beanspruchungen und die Beanspruchbarkeiten sind nach der Elastizitätstheorie zu berechnen. Es ist nachzuweisen, dass

1. das System im stabilen Gleichgewicht ist und
2. in allen Querschnitten die nach Abschnitt 7.2 berechneten Beanspruchungen höchstens den Bemessungswert $f_{y,d}$ der Streckgrenze erreichen und
3. in allen Querschnitten entweder die Grenzwerte grenz (b/t) und grenz (d/t) nach den Tabellen 12 bis 14 eingehalten sind oder ausreichende Beulsicherheit nach DIN 18 800 Teil 3 bzw. DIN 18 800 Teil 4 nachgewiesen wird.

Anmerkung 1: Als Grenzzustand der Tragfähigkeit wird der Beginn des Fließens definiert. Daher werden plastische Querschnitts- und Systemreserven nicht berücksichtigt.

Anmerkung 2: Beim Tragsicherheitsnachweis nach dem Verfahren Elastisch-Elastisch mit Spannungen ist die Forderung, dass die Beanspruchungen höchstens die Streckgrenze erreichen, gleichbedeutend damit, dass die Vergleichspannung $\sigma_v \leq f_{y,k}/\gamma_M$ ist.

Anmerkung 3: Bei den Grenzwerten grenz (b/t) in Tabelle 12 wird die ψ-abhängige Erhöhung der Abminderungsfaktoren nach DIN 18 800 Teil 3, Tabelle 1, Zeile 1 berücksichtigt. Hierauf wird in DIN 18 800 Teil 2, Abschnitt 7, verzichtet, um zu einfachen Regeln und zu einer Übereinstimmung mit anderen nationalen und internationalen Regelwerken zu kommen.

Anmerkung 4: Auf den Beulsicherheitsnachweis für Einzelfelder darf unter den in DIN 18 800 Teil 3, Abschnitt 2, Element 205 angegebenen Bedingungen verzichtet werden.

Auszüge aus DIN 18 800, Teil 1 Stahlbauten, Bemessung und Konstruktion 107

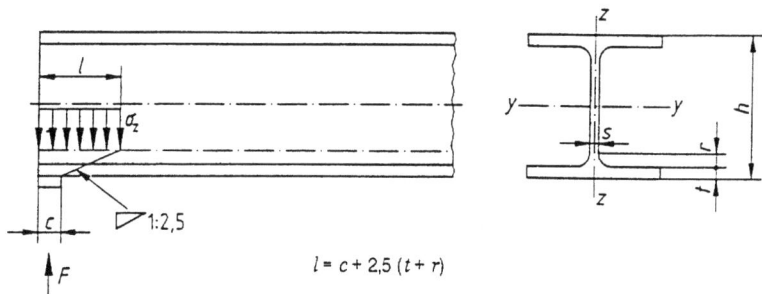

a) Einleitung einer Auflagerkraft am Trägerende

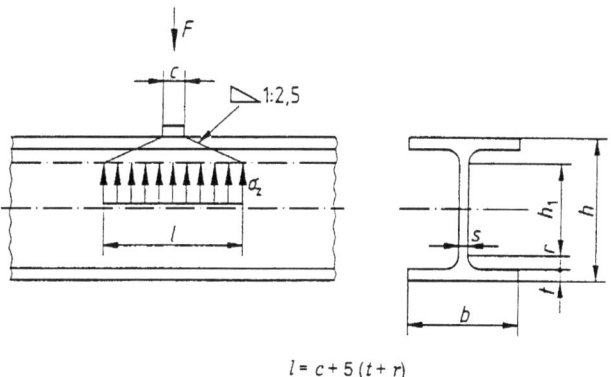

b) Einleitung einer Einzellast im Feld (gleichbedeutend mit Einleitung einer Auflagerkraft an einer Zwischenstütze)

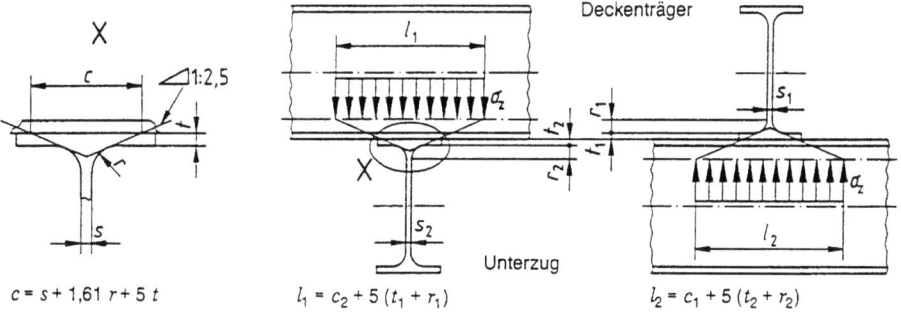

c) Träger auf Träger

Bild 16. Rippenlose Lasteinleitung bei Walz- und geschweißten Profilen mit I-Querschnitt.

Tabelle 12. Grenzwerte (b/t) für beidseitig gelagerte Plattenstreifen für volles Mittragen unter Druckspannungen σ_x beim Tragsicherheitsnachweis nach dem Verfahren Elastisch-Elastisch mit zugehörigen Beulwerten k_σ.
σ_1 = Größtwert der Druckspannungen σ_x in N/mm² und $f_{y,k}$ in N/mm².

	1	2	3
1	Lagerung:		grenz (b/t) allgemein: – Bereich $0 < \psi \leq 1$ $\quad$ grenz $(b/t) = 420{,}4 \cdot (1 - 0{,}278\,\psi - 0{,}025\,\psi^2)$ $\cdot \sqrt{\dfrac{k_\sigma}{\sigma_1 \cdot \gamma_M}}$ – Bereich $\psi \leq 0$ $\quad$ grenz $(b/t) = 420{,}4 \cdot \sqrt{\dfrac{k_\sigma}{\sigma_1 \cdot \gamma_M}}$
2	Randspannungsverhältnis ψ	Beulwert k_σ in Abhängigkeit vom Randspannungsverhältnis ψ	grenz (b/t) für Sonderfälle des Randspannungsverhältnisses ψ
3	1	4	$37{,}8 \cdot \sqrt{\dfrac{240}{\sigma_1 \cdot \gamma_M}}$
4	$1 > \psi > 0$	$\dfrac{8{,}2}{\psi + 1{,}05}$	$27{,}1\,(1 - 0{,}278\,\psi - 0{,}025 \cdot \psi^2) \cdot \sqrt{\dfrac{8{,}2}{\psi + 1{,}05}} \cdot \sqrt{\dfrac{240}{\sigma_1 \cdot \gamma_M}}$
5	0	7,81	$75{,}8 \cdot \sqrt{\dfrac{240}{\sigma_1 - \gamma_M}}$
6	$0 > \psi > -1$	$7{,}81 - 6{,}29 \cdot \psi + 9{,}78 \cdot \psi^2$	$27{,}1 \cdot \sqrt{7{,}81 - 6{,}29 \cdot \psi + 9{,}78 \cdot \psi^2} \cdot \sqrt{\dfrac{240}{\sigma_1 \cdot \gamma_M}}$
7	-1	23,9	$133 \cdot \sqrt{\dfrac{240}{\sigma_1 \cdot \gamma_M}}$

Für $\sigma_1 \cdot \gamma_M = f_{y,k}$ gilt für St 37 $\sqrt{\dfrac{240}{\sigma_1 \cdot \gamma_M}} = 1$ und für St 52 $\sqrt{\dfrac{240}{\sigma_1 \cdot \gamma_M}} = \sqrt{\dfrac{1}{1{,}5}} = 0{,}82$

Tabelle 13. Grenzwerte (b/t) für einseitig gelagerte Plattenstreifen für volles Mittragen unter Druckspannungen σ_x beim Tragsicherheitsnachweis nach dem Verfahren Elastisch-Elastisch mit zugehörigen Beulwerten k_σ.
σ_1 = Größtwert der Druckspannungen σ_x in N/mm² und $f_{y,k}$ in N/mm².

	1	2	3
1	Lagerung:		grenz (b/t) allgemein: $305 \cdot \sqrt{\dfrac{k_\sigma}{\sigma_1 \cdot \gamma_M}}$
2	Randspannungsverhältnis ψ	Beulwert k_σ in Abhängigkeit vom Randspannungsverhältnis ψ	grenz (b/t) für Sonderfälle des Randspannungsverhältnisses ψ
3	Größte Druckspannung am gelagerten Rand		
4	1	0,43	$12{,}9 \cdot \sqrt{\dfrac{240}{\sigma_1 \cdot \gamma_M}}$
5	$1 > \psi > 0$	$\dfrac{0{,}578}{\psi + 0{,}34}$	$19{,}7 \cdot \sqrt{\dfrac{0{,}578}{\psi + 0{,}34}} \cdot \sqrt{\dfrac{240}{\sigma_1 \cdot \gamma_M}}$
6	0	1,70	$25{,}7 \cdot \sqrt{\dfrac{240}{\sigma_1 \cdot \gamma_M}}$
7	$0 > \psi > -1$	$1{,}70 - 5 \cdot \psi + 17{,}1 \cdot \psi^2$	$19{,}7 \cdot \sqrt{1{,}70 - 5 \cdot \psi + 17{,}1 \cdot \psi^2} \cdot \sqrt{\dfrac{240}{\sigma_1 \cdot \gamma_M}}$
8	-1	23,8	$96{,}1 \cdot \sqrt{\dfrac{240}{\sigma_1 \cdot \gamma_M}}$
9	Größte Druckspannung am freien Rand		
10	1	0,43	$12{,}9 \cdot \sqrt{\dfrac{240}{\sigma_1 \cdot \gamma_M}}$
11	$0 > \psi > 0$	$0{,}57 - 0{,}21 \cdot \psi + 0{,}07 \cdot \psi^2$	$19{,}7 \cdot \sqrt{0{,}57 - 0{,}21 \cdot \psi + 0{,}07 \cdot \psi^2} \cdot \sqrt{\dfrac{240}{\sigma_1 \cdot \gamma_M}}$
12	0	0,57	$14{,}9 \cdot \sqrt{\dfrac{240}{\sigma_1 \cdot \gamma_M}}$

Tabelle 13 (Fortsetzung)

	1	2	3
13	$0 > \psi - 1$	$0{,}57 - 0{,}21 \cdot \psi + 0{,}07 \cdot \psi^2$	$19{,}7 \cdot \sqrt{0{,}57 - 0{,}21 \cdot \psi + 0{,}07 \cdot \psi^2} \cdot \sqrt{\dfrac{240}{\sigma_1 \cdot \gamma_M}}$
14	-1	$0{,}85$	$18{,}2 \cdot \sqrt{\dfrac{240}{\sigma_1 \cdot \gamma_M}}$

Für $\sigma_1 \cdot \gamma_M = f_{y,k}$ gilt für St 37 $\sqrt{\dfrac{240}{\sigma_1 \cdot \gamma_M}} = 1$ und für St 52 $\sqrt{\dfrac{240}{\sigma_1 \cdot \gamma_M}} = \sqrt{\dfrac{1}{1{,}5}} = 0{,}82$

Tabelle 14. Grenzwerte grenz (d/t) für Kreiszylinderquerschnitte für volles Mittragen unter Druckspannungen σ_x beim Tragsicherheitsnachweis nach dem Verfahren Elastisch-Elastisch. σ_1 = Größtwert der Druckspannungen σ_x in N/mm² und $f_{y,k}$ in N/mm². σ_N = Druckspannungsanteil aus Normalkraft in N/mm².

1	2
Spannungsverteilung: 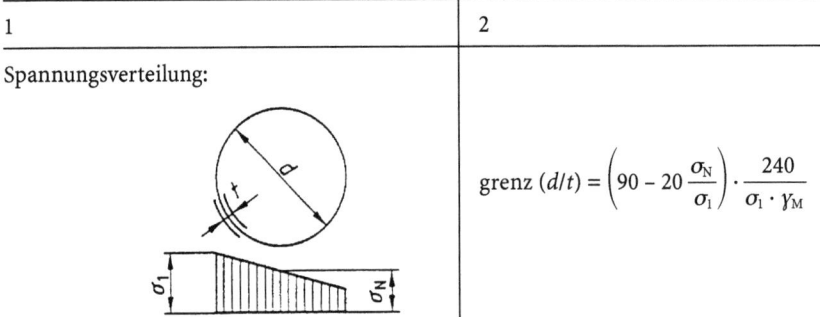	$\text{grenz}\,(d/t) = \left(90 - 20\,\dfrac{\sigma_N}{\sigma_1}\right) \cdot \dfrac{240}{\sigma_1 \cdot \gamma_M}$

Für $\sigma_1 \cdot \gamma_M = f_{y,k}$ gilt für St 37 $\dfrac{240}{\sigma_1 \cdot \gamma_M} = 1$

und für St 52 $\dfrac{240}{\sigma_1 \cdot \gamma_M} = \dfrac{1}{1{,}5} = 0{,}67$

(746) Grenzspannungen
Für die Grenzspannungen gilt:
- Grenznormalspannung $\quad \sigma_{R,d} = f_{y,d} = f_{y,k}/\gamma_M$ \hfill (31)
- Grenzschubspannung $\quad \tau_{R,d} = f_{y,d}/\sqrt{3}$ \hfill (32)

Auszüge aus DIN 18 800, Teil 1 Stahlbauten, Bemessung und Konstruktion   111

(747) Nachweise
Der Nachweis ist mit den Bedingungen (33) bis (35) zu führen:
- für die Normalspannungen $\sigma_x, \sigma_y, \sigma_z$

$$\frac{\sigma}{\sigma_{R,d}} \leq 1 \tag{33}$$

- für die Schubspannungen $\tau_{xy}, \tau_{xz}, \tau_{yz}$

$$\frac{\tau}{\tau_{R,d}} \leq 1 \tag{34}$$

- für die gleichzeitige Wirkung mehrerer Spannungen

$$\frac{\sigma_v}{\sigma_{R,d}} \leq 1 \tag{35}$$

mit σ_v Vergleichsspannung nach Element 748.

Bedingung (35) gilt für die alleinige Wirkung von σ_x und τ oder σ_y und τ als erfüllt, wenn $\sigma/\sigma_{R,d} \leq 0{,}5$ oder $\tau/\tau_{R,d} \leq 0{,}5$ ist.

(748) Vergleichsspannung
Die Vergleichsspannung σ_v ist mit Gleichung (36) zu berechnen.

$$\sigma_v = \sqrt{\sigma_x^2 + \sigma_y^2 + \sigma_z^2 - \sigma_x \cdot \sigma_y - \sigma_x \cdot \sigma_z - \sigma_y \cdot \sigma_z + 3\tau_{xy}^2 + 3\tau_{xz}^2 + 3\tau_{yz}^2} \tag{36}$$

(749) Erlaubnis örtlich begrenzter Plastizierung, allgemein
In kleinen Bereichen darf die Vergleichsspannung σ_v die Grenzspannung $\sigma_{R,d}$ um 10 % überschreiten.

Für Stäbe mit Normalkraft und Biegung kann ein kleiner Bereich unterstellt werden, wenn gleichzeitig gilt:

$$\left| \frac{N}{A} + \frac{M_y}{I_y} z \right| \leq 0{,}8\, \sigma_{R,d} \tag{37a}$$

$$\left| \frac{N}{A} + \frac{M_z}{I_z} y \right| \leq 0{,}8\, \sigma_{R,d} \tag{37b}$$

Anmerkung: Tragsicherheitsnachweise nach den Elementen 749 und 750 nutzen bereits teilweise die plastische Querschnittstragfähigkeit aus; eine vollständige Ausnutzung ermöglicht das Verfahren Elastisch-Plastisch (siehe Abschnitt 7.5.3).

(750) Erlaubnis örtlich begrenzter Plastizierung für Stäbe mit I-Querschnitt
Für Stäbe mit doppeltsymmetrischem I-Querschnitt, die die Bedingungen nach Tabelle 15 erfüllen, darf die Normalspannung σ_x nach Gleichung (38) berechnet werden.

$$\sigma_x = \left| \frac{N}{A} \pm \frac{M_y}{\alpha_{pl,y}^* \cdot W_y} \pm \frac{M_z}{\alpha_{pl,z}^* \cdot W_z} \right| \tag{38}$$

In Gleichung (38) ist für α_{pl}^* der jeweilige plastische Formbeiwert α_{pl}, jedoch nicht mehr als 1,25 einzusetzen.

Für gewalzte I-förmige Stäbe darf $\alpha_{pl,y}^* = 1{,}14$ und $\alpha_{pl,z}^* = 1{,}25$ gesetzt werden.

(751) Vereinfachung für Stäbe mit Winkelquerschnitt
Werden bei der Berechnung der Beanspruchungen von Stäben mit Winkelquerschnitt schenkelparallele Querschnittsachsen als Bezugsachsen anstelle der Trägheitshauptachsen benutzt, so sind die ermittelten Beanspruchungen um 30 % zu erhöhen.

(752) Vereinfachung für Stäbe mit I-förmigem Querschnitt
Bei Stäben mit I-förmigem Querschnitt und ausgeprägten Flanschen, bei denen die Wirkungslinie der Querkraft V_z mit dem Steg zusammenfällt, darf die Schubspannung τ im Steg nach Gleichung (39) berechnet werden.

$$\tau = \left| \frac{V_z}{A_{Steg}} \right| \tag{39}$$

Anmerkung 1: Nach der Theorie der dünnwandigen Querschnitte ist A_{Steg} gleich dem Produkt aus dem Abstand der Schwerlinien der Flansche und der Stegdicke.

Anmerkung 2: Von ausgeprägten Flanschen kann bei doppeltsymmetrischen I-Querschnitten ausgegangen werden, wenn das Verhältnis A_{Gurt}/A_{Steg} größer als 0,6 ist. Beim doppeltsymmetrischen I-Träger ist für $A_{Gurt}/A_{Steg} = 0,6$ die maximale Schubspannung im Steg

$$\max \tau = \frac{1,5 \cdot V_z}{A_{Steg}} \cdot \frac{4 \cdot A_{Gurt} + A_{Steg}}{6 \cdot A_{Gurt} + A_{Steg}}$$

rd. 10 % größer als die mittlere Schubspannung.

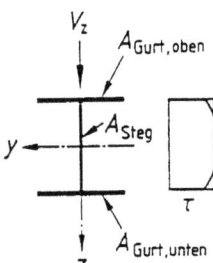

Bild 17. Ersatzweise geradlinig angenommene Verteilung der Schubspannung nach Gleichung (39) für $A_{Gurt,oben} = A_{Gurt,unten}$.

7.5.3 Nachweis nach dem Verfahren Elastisch-Plastisch

(753) Die Beanspruchungen sind nach der Elastizitätstheorie, die Beanspruchbarkeiten unter Ausnutzung plastischer Tragfähigkeiten der Querschnitte zu berechnen. Es ist nachzuweisen, dass

1. das System im stabilen Gleichgewicht ist und
2. in keinem Querschnitt die nach Abschnitt 7.2 berechneten Beanspruchungen unter Beachtung der Interaktion zu einer Überschreitung der Grenzschnittgrößen im plastischen Zustand führen und
3. in allen Querschnitten die Grenzwerte grenz (b/t) und grenz (d/t) nach Tabelle 15 eingehalten sind.

Auszüge aus DIN 18 800, Teil 1 Stahlbauten, Bemessung und Konstruktion 113

Für die Bereiche des Tragwerkes, in denen die Schnittgrößen nicht größer als die elastischen Grenzschnittgrößen nach Abschnitt 7.5.2, Element 745, Nummer 2 sind, gilt Element 745, Nummer 3.

Anmerkung: Beim Verfahren Elastisch-Plastisch wird bei der Berechnung der Beanspruchungen linearelastisches Werkstoffverhalten, bei der Berechnung der Beanspruchbarkeiten linearelastisch-idealplastisches Werkstoffverhalten angenommen. Damit werden die plastischen Reserven des Querschnitts ausgenutzt, nicht jedoch die des Systems.

(754) Momentenumlagerung
Wenn nach Abschnitt 7.5.1, Element 739, Biegeknicken und nach Abschnitt 7.5.1, Element 740, Biegedrillknicken nicht berücksichtigt werden müssen, dürfen die nach der Elastizitätstheorie ermittelten Stützmomente um bis zu 15% ihrer Maximalwerte vermindert oder vergrößert werden, wenn bei der Bestimmung der zugehörigen Feldmomente die Gleichgewichtsbedingungen eingehalten werden. Zusätzlich sind für die Bemessung der Verbindungen Abschnitt 7.5.4, Element 759, Abschnitt 8.4.1.4, Element 831 und Element 832, zu beachten.

Anmerkung 1: Bei der Momentenumlagerung werden die Formänderungsbedingungen der Elastizitätstheorie nicht erfüllt. Eine Umlagerung erfordert im Tragwerk bereichsweise Plastizierungen.

Anmerkung 2: Der Tragsicherheitsnachweis unter Berücksichtigung der Regelung dieses Elementes nutzt für Sonderfälle bereits teilweise Systemreserven statisch unbestimmter Systeme aus. Eine vollständige Ausnutzung bei statisch unbestimmten Systemen ermöglicht das Nachweisverfahren Plastisch-Plastisch (siehe Abschnitt 7.5.4).

(755) Grenzschnittgrößen im plastischen Zustand, allgemein
Für die Berechnung der Grenzschnittgrößen von Stabquerschnitten im plastischen Zustand sind folgende Annahmen zu treffen:

1. Linearelastische-idealplastische Spannungs-Dehnungs-Beziehung für den Werkstoff mit der Streckgrenze $f_{y,d}$ nach Gleichung (31).
2. Ebenbleiben der Querschnitte.
3. Fließbedingung nach Gleichung (36).

Die Gleichgewichtsbedingungen am differentiellen oder finiten Element (Faser) sind einzuhalten.

Die Dehnungen ε_x dürfen beliebig groß angenommen werden, jedoch sind die Grenzbiegemomente im plastischen Zustand auf den 1,25fachen Wert des elastischen Grenzbiegemomentes zu begrenzen.

Auf diese Reduzierung darf bei Einfeldträgern und bei Durchlaufträgern mit über die gesamte Länge gleichbleibendem Querschnitt verzichtet werden.

Anmerkung 1: In der Literatur werden auch Grenzschnittgrößen angegeben, bei denen die Gleichgewichtsbedingungen verletzt werden; sie sind in vielen Fällen dennoch als Näherung berechtigt.

Anmerkung 2: Als plastische Zustände eines Querschnittes werden die Zustände bezeichnet, in denen Querschnittsbereiche plastiziert sind. Als vollplastische Zustände werden diejenigen plastischen Zustände bezeichnet, bei denen eine Vergrößerung der

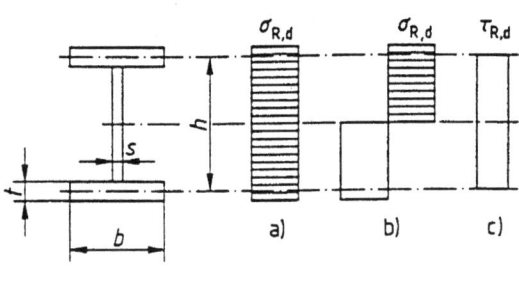

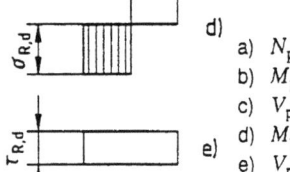

a) $N_{pl,d} = \sigma_{R,d} \cdot A$
b) $M_{pl,y,d} = \sigma_{R,d} \cdot \alpha_{pl,y} \cdot W_y$
c) $V_{pl,z,d} = \tau_{R,d} \cdot h \cdot s$
d) $M_{pl,z,d} = \sigma_{R,d} \cdot \alpha_{pl,z} \cdot W_z$
e) $V_{pl,y,d} = 2 \cdot t \cdot b \cdot \tau_{R,d}$

Bild 18. Spannungsverteilung für doppeltsymmetrische I-Querschnitte für Schnittgrößen im vollplastischen Zustand.

Schnittgrößen nicht möglich ist. Dabei muss der Querschnitt nicht durchplastiziert sein. Dies kann z.B. bei ungleichschenkligen Winkelquerschnitten der Fall sein, die durch Biegemomente M_y und M_z beansprucht sind; siehe hierzu z.B. [7].

Grenzschnittgrößen im plastischen Zustand sind gleich den Schnittgrößen im vollplastischen Zustand, berechnet mit dem Bemessungswert der Streckgrenze $f_{y,d}$ und gegebenenfalls mit dem Faktor $1{,}25/\alpha_{pl}$ reduziert.

(756) Schnittgrößen im vollplastischen Zustand für doppeltsymmetrische I-Querschnitte
Die Schnittgrößen im vollplastischen Zustand sind Bild 18 zu entnehmen.

(757) Interaktion von Grenzschnittgrößen im plastischen Zustand für I-Querschnitte
Für doppeltsymmetrische I-Querschnitte mit konstanter Streckgrenze über den Querschnitt darf

– für einachsige Biegung, Querkraft und Normalkraft mit den Bedingungen in den Tabellen 16 und 17,
– für zweiachsige Biegung und Normalkraft mit den Bedingungen (41) und (42), wenn für die Querkräfte $V_z \leq 0{,}33\, V_{pl,z,d}$ und $V_y \leq 0{,}25\, V_{pl,y,d}$ gilt,

nachgewiesen werden, dass die Grenzschnittgrößen im plastischen Zustand nicht überschritten sind.

Auszüge aus DIN 18 800, Teil 1 Stahlbauten, Bemessung und Konstruktion 115

Tabelle 15. Grenzwerte grenz (b/t) und grenz (d/t) für volles Mitwirken von Querschnittsteilen unter Druckspannungen σ_x beim Tragsicherheitsnachweis nach dem Verfahren Elastisch-Plastisch, $f_{y,k}$ in N/mm².

Beidseitig gelagerter Plattenstreifen

Lagerung und Breite b	
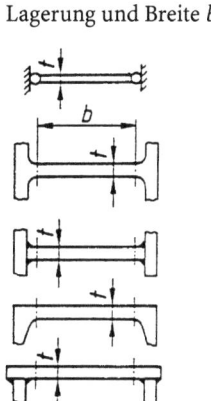	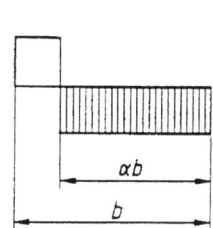 grenz $(b/t) = \dfrac{37}{\alpha} \cdot \sqrt{\dfrac{240}{f_{y,k}}}$

Einseitig gelagerter Plattenstreifen

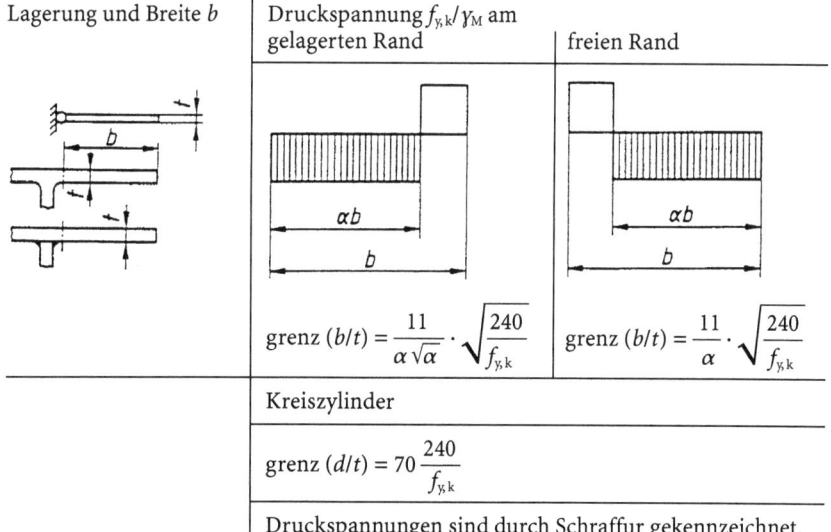

Druckspannungen sind durch Schraffur gekennzeichnet.

Mit

$$M_y^* = [1 - (N/N_{pl,d})^{1,2}] \cdot M_{pl,y,d} \tag{40}$$

gilt

− für $M_y \leq M_y^*$:

$$\frac{M_z}{M_{pl,z,d}} + c_1 + c_2 \left(\frac{M_y}{M_{pl,y,d}}\right)^{2,3} \leq 1 \tag{41}$$

mit

$c_1 = (N/N_{pl,d})^{2,6}$
$c_2 = (1 - c_1) \cdot N_{1,d}/N$

− für $M_y > M_y^*$:

$$\frac{1}{40}\left(\frac{M_z}{M_{pl,z,d}} - \frac{M_z^*}{M_{pl,z,d}}\right) + \left(\frac{N}{N_{pl,d}}\right)^{1,2} + \frac{M_y}{M_{pl,y,d}} \leq 1 \tag{42}$$

Tabelle 16. Vereinfachte Tragsicherheitsnachweise für doppelsymmetrische I-Querschnitte mit N, M_y, V_z.

Momente um y-Achse	Gültigkeitsbereich	$\frac{V}{V_{pl,d}} \leq 0{,}33$		$0{,}33 < \frac{V}{V_{pl,d}} \leq 0{,}9$	
	$\frac{N}{N_{pl,d}} \leq 0{,}1$	$\frac{M}{M_{pl,d}} \leq 1$		$0{,}88\,\frac{M}{M_{pl,d}} + 0{,}37\,\frac{V}{V_{pl,d}} \leq 1$	
	$0{,}1 < \frac{N}{N_{pl,d}} \leq 1$	$0{,}9\,\frac{M}{M_{pl,d}} + \frac{N}{N_{pl,d}} \leq 1$		$0{,}8\,\frac{M}{M_{pl,d}} + 0{,}89\,\frac{N}{N_{pl,d}} + 0{,}33\,\frac{V}{V_{pl,d}} \leq 1$	

Tabelle 17. Vereinfachte Tragsicherheitsnachweise für doppelsymmetrische I-Querschnitte mit N, M_z, V_y.

Momente um z-Achse	Gültigkeitsbereich	$\frac{V}{V_{pl,d}} \leq 0{,}25$	$0{,}25 < \frac{V}{V_{pl,d}} \leq 0{,}9$
	$\frac{N}{N_{pl,d}} \leq 0{,}3$	$\frac{M}{M_{pl,d}} \leq 1$	$0{,}95\,\frac{M}{M_{pl,d}} + 0{,}82\left(\frac{V}{V_{pl,d}}\right)^2 \leq 1$
	$0{,}3 < \frac{N}{N_{pl,d}} \leq 1$	$0{,}91\,\frac{M}{M_{pl,d}} + \left(\frac{N}{N_{pl,d}}\right)^2 \leq 1$	$0{,}87\,\frac{M}{M_{pl,d}} + 0{,}95\left(\frac{N}{N_{pl,d}}\right)^2 + 0{,}75\left(\frac{V}{V_{pl,d}}\right)^2 \leq 1$

Auszüge aus DIN 18800, Teil 1 Stahlbauten, Bemessung und Konstruktion

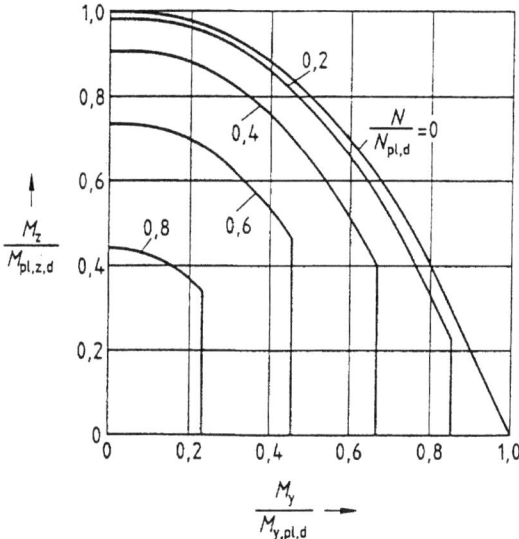

Bild 19. Interaktion für die Normalkraft N und die Biegemomente M_y und M_z nach den Bedingungen (41) und (42).

Anmerkung 1: Andere Interaktionsgleichungen können der Literatur, z. B. [8], entnommen werden.

Anmerkung 2: Vereinfachend sind die Faktoren in den Tabellen 16 und 17 auf 2 Ziffern gerundet. Aus diesem Grunde ergeben sich geringfügig veränderte Zahlenwerte, wenn man in Grenzfällen von den allgemeinen Interaktionsgleichungen mit allen drei Schnittkräften M, N, V auf die Sonderfälle übergeht.

Anmerkung 3: Querschnitte mit nicht konstanter Streckgrenze sind z. B. solche mit unterschiedlicher Erzeugnisdicke nach Tabelle 1 oder unterschiedlicher Streckgrenze für die Querschnittsteile.

Anmerkung 4: Die Schnittgrößen im vollplastischen Zustand nach Bild 18 können nicht alle als Grenzschnittgrößen im plastischen Zustand verwendet werden; offensichtlich ist dies z. B. für $V_{pl,y,d}$.

Anmerkung 5: $M_{pl,d}, N_{pl,d}$ und $V_{pl,d}$ in Tabelle 16 und 17 sind Grenzschnittgrößen. Es ist $M_{pl,z,d} = 1{,}25 \, \sigma_{R,d} \cdot W_z$.

7.5.4 Nachweis nach dem Verfahren Plastisch-Plastisch

(758) Grundsätze

Die Beanspruchungen sind nach der Fließgelenk- oder Fließzonentheorie, die Beanspruchbarkeiten unter Ausnutzung plastischer Tragfähigkeiten der Querschnitte und des Systems zu berechnen. Es ist nachzuweisen, dass

1. das System im stabilen Gleichgewicht ist und
2. in allen Querschnitten die Beanspruchungen unter Beachtung der Interaktion nicht zu einer Überschreitung der Grenzschnittgrößen im plastischen Zustand führen und
3. in den Querschnitten im Bereich der Fließgelenke bzw. Fließzonen die Grenzwerte grenz (b/t) und grenz (d/t) nach Tabelle 18 eingehalten sind.

Für die Querschnitte in den übrigen Bereichen des Tragwerkes gilt Abschnitt 7.5.3, Element 753, Nummer 3.

Anmerkung 1: Beim Verfahren Plastisch-Plastisch werden plastische Querschnitts- und Systemreserven ausgenutzt.

Anmerkung 2: Zur Berechnung der plastischen Beanspruchbarkeit siehe Abschnitt 7.5.3, Elemente 755 bis 757.

(759) Berücksichtigung oberer Grenzwerte der Streckgrenze
Wenn für einen Nachweis eine Erhöhung der Streckgrenze zu einer Erhöhung der Beanspruchung führt, die nicht gleichzeitig zu einer proportionalen Erhöhung der zugeordneten Beanspruchbarkeit führt, ist für die Streckgrenze auch ein oberer Grenzwert

$$\sigma_{R,d}^{(oben)} = 1{,}3 \cdot \sigma_{R,d} \tag{43}$$

anzunehmen.

Bei durch- oder gegengeschweißten Nähten kann die Erhöhung der Beanspruchbarkeit unterstellt werden (vergleiche hierzu auch Abschnitt 8.4.1.4, Element 832).

Bei üblichen Tragwerken darf die Erhöhung von Auflagerkräften infolge der Annahme des oberen Grenzwertes der Streckgrenze unberücksichtigt bleiben.

Auf die Berücksichtigung des oberen Grenzwertes der Streckgrenze darf verzichtet werden, wenn für die Beanspruchungen aller Verbindungen die 1,25fachen Grenzschnittgrößen im plastischen Zustand der durch sie verbundenen Teile angesetzt werden und die Stäbe konstanten Querschnitt über die Stablänge haben.

Anmerkung 1: Beim Zweifeldträger mit über die Länge konstantem Querschnitt unter konstanter Gleichlast erhöht sich die Auflagerkraft an der Innenstütze vom Grenzzustand nach dem Verfahren Plastisch-Plastisch infolge der Annahme des oberen Grenzwertes der Streckgrenze nur um rund 4%.

Anmerkung 2: Bei Anwendung der Fließgelenktheorie werden in den Fließgelenken die Schnittgrößen auf die Grenzschnittgrößen im plastischen Zustand begrenzt. Nimmt die Streckgrenze in der Umgebung eines Fließgelenkes einen höheren Wert an als die Grenznormalspannung $\sigma_{R,d}$ nach Gleichung (31) (dieser Wert ist ein unterer Grenzwert), dann wird die am Fließgelenk auftretende Schnittgröße (Beanspruchung) größer als die untere Grenzschnittgröße. Für den Stab selbst bedeutet dies keine Gefährdung, da ja auch die Beanspruchbarkeit im selben Maße zunimmt. Für Verbindungen, die sich nicht durch Verformung der zunehmenden Beanspruchung entziehen können, kann die Berücksichtigung der oberen Grenzwerte der Streckgrenzen bemessungsbestimmend werden. Dies ist bei Verbindungen ohne ausreichende Rotationskapazität möglich.

(760) Vereinfachte Berechnung der Beanspruchungen
Für den Tragsicherheitsnachweis nach Element 758 darf bei unverschieblichen Systemen die Lage der Fließgelenke beliebig angenommen werden, wenn die Grenzwerte grenz (b/t) und grenz (d/t) nach Tabelle 18 überall eingehalten sind.

Auszüge aus DIN 18 800, Teil 1 Stahlbauten, Bemessung und Konstruktion

Tabelle 18. Grenzwerte grenz (b/t) und grenz (d/t) für volles Mitwirken von Querschnittsteilen unter Druckspannungen σ_x beim Tragsicherheitsnachweis nach dem Verfahren Plastisch-Plastisch. $f_{y,k}$ in N/mm².

Beidseitig gelagerter Plattenstreifen	
Lagerung und Breite b	
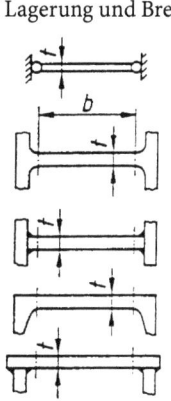	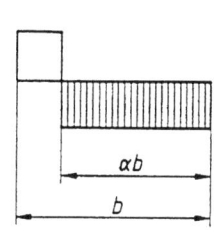 $\text{grenz}\,(b/t) = \dfrac{32}{\alpha} \cdot \sqrt{\dfrac{240}{f_{y,k}}}$

Einseitig gelagerter Plattenstreifen		
Lagerung und Breite b	Druckspannung $f_{y,k}/\gamma_M$ am gelagerten Rand	freien Rand
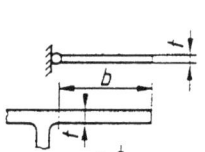	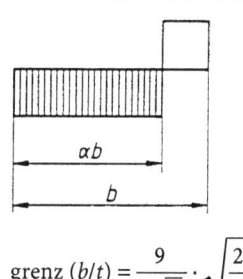 $\text{grenz}\,(b/t) = \dfrac{9}{\alpha\sqrt{\alpha}} \cdot \sqrt{\dfrac{240}{f_{y,k}}}$	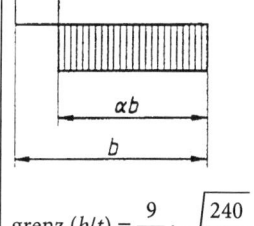 $\text{grenz}\,(b/t) = \dfrac{9}{\alpha} \cdot \sqrt{\dfrac{240}{f_{y,k}}}$
	Kreiszylinder	
	$\text{grenz}\,(d/t) = 50\,\dfrac{240}{f_{y,k}}$	
	Druckspannungen sind durch Schraffur gekennzeichnet.	

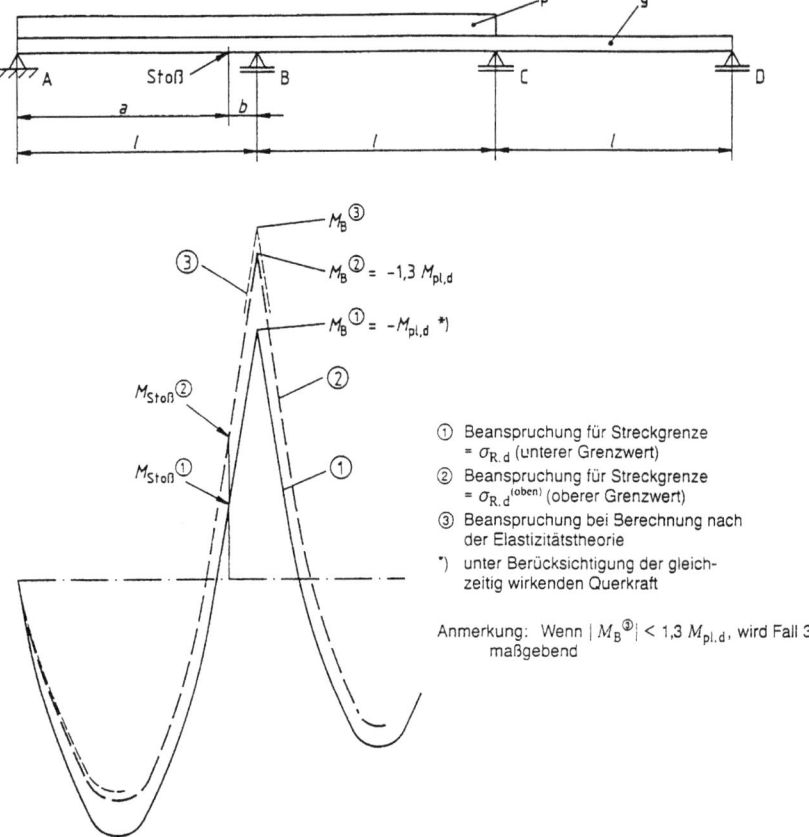

Bild 20. Beispiel zur Berücksichtigung des oberen Grenzwertes der Streckgrenze.

7.6 Nachweis der Lagesicherheit

(761) Grundsätze

Die Sicherheit gegen Gleiten, Abheben und Umkippen von Tragwerken und Tragwerksteilen ist nach den Regeln für den Nachweis der Tragsicherheit nachzuweisen.

Zwischenzustände sind zu berücksichtigen, wenn das Nachweisverfahren Plastisch-Plastisch angewendet wird.

Anmerkung 1: Die Nachweise der Lagesicherheit sind Nachweise der Tragsicherheit, die sich auf unverankerte und verankerte Lagerfugen beziehen.

Anmerkung 2: Im Allgemeinen genügt es, nur die Zustände unter den Bemessungswerten der Einwirkungen zu betrachten. Für den Nachweis der Lagesicherheit können

Zwischenzustände maßgebend werden, bei denen alle oder einige Einwirkungen noch nicht ihren Bemessungswert erreicht haben.

(762) Beanspruchungen
Die Beanspruchungen sind nach Abschnitt 7.2.2 zu berechnen; im Allgemeinen gilt Element 711.

Wenn nach Abschnitt 7.4, Element 728, ein Nachweis nach Theorie II. Ordnung notwendig ist, gelten die so ermittelten Schnittkräfte auch für den Lagesicherheitsnachweis.

(763) Beanspruchbarkeit von Verankerungen
Die Beanspruchbarkeiten von Lagerfugen und deren Verankerungen sind nach den Abschnitten 7.3 und 8 zu berechnen.

(764) Gleiten
Es ist nachzuweisen, dass in der Fugenebene die Gleitkraft nicht größer als die Grenzgleitkraft ist.

Für die Berechnung der Grenzgleitkraft dürfen Reibwiderstand und Schwerwiderstand von mechanischen Schubsicherungen als gleichzeitig wirkend angesetzt werden.

Die Sicherheit gegen Gleiten darf nach DIN 4141 Teil 1/09.84, Abschnitt 6, nachgewiesen werden.

(765) Abheben
Für unverankerte Lagerfugen ist nachzuweisen, dass die Beanspruchung keine abhebende Kraftkomponente rechtwinklig zur Lagerfuge aufweist.

Für verankerte Lagerfugen ist nachzuweisen, dass die Beanspruchung der Verankerung nicht größer als deren Beanspruchbarkeit ist.

Anmerkung: Charakteristische Werte für Festigkeiten von Verankerungsteilen aus Stahl sind im Abschnitt 4, Grenzwerte im Abschnitt 8 zu finden.

(766) Umkippen
Für den Nachweis gegen Umkippen sind die Normaldruckspannungen gleichverteilt über eine Teilfläche der Lagerfugenfläche anzunehmen. Dabei darf die Teilfläche beliebig angenommen werden. Es ist nachzuweisen, dass die Drucknormalspannungen (Pressungen) nicht größer als die Grenzpressungen der angrenzenden Bauteile sind.

Für verankerte Lagerfugen ist außerdem nachzuweisen, dass die Beanspruchung der Verankerung nicht größer als deren Beanspruchbarkeit ist.

Anmerkung 1: Das anzunehmende Tragmodell hat Ähnlichkeit mit dem der Fließgelenktheorie. Die Teilfläche ist eine „Fließfläche" und entspricht dem Fließgelenk.

Anmerkung 2: Der Nachweis von Kantenpressungen, z.B. für Mauerwerk bei Auflagerung von Stahlträgern, ist hiervon nicht berührt.

(767) Grenzwerte für Lagerfugen
Die Grenzpressung für Beton ist $\beta_R/1{,}3$ mit β_R nach DIN 1045/07.88.

Falls die Pressung als Teilflächenpressung auftritt, darf der Wert $\beta_R/1{,}3$ in Anlehnung an DIN 1045/07.88, Abschnitt 17.3.3, erhöht werden.

Die charakteristischen Werte für die Reibungszahl sind DIN 4141 Teil 1/09.84, Abschnitt 6, zu entnehmen. Der Teilsicherheitsbeiwert ist $\gamma_M = 1,1$.

Anmerkung: Werden Reibungszahlen entsprechend Abschnitt 7.3.2, Element 724, durch Versuche ermittelt, sind auch langzeitige Einflüsse zu berücksichtigen.

7.7 Nachweis der Dauerhaftigkeit

(768) Grundsätze
Die Dauerhaftigkeit erfordert bei der Herstellung der Stahlbauten Maßnahmen gegen Korrosion, die der zu erwartenden Beanspruchung genügen.

Die Erhaltung der Dauerhaftigkeit erfordert eine sachgemäße Instandhaltung der Stahlbauten. Sie ist auf die bei der Herstellung getroffenen Maßnahmen abzustimmen oder bei veränderter Beanspruchung dieser anzupassen.

(769) Maßnahmen gegen Korrosion
Stahlbauten müssen gegen Korrosionsschäden geschützt werden. Während der Nutzungsdauer darf keine Beeinträchtigung der erforderlichen Tragsicherheit durch Korrosion eintreten.

Maßnahmen gegen Korrosion müssen neben dem allgemeinen Schutz gegen flächenhafte Korrosion auch den besonderen Schutz gegen lokal erhöhte Korrosion einschließen.

Anstelle von Maßnahmen gegen Korrosion darf die Auswirkung der Korrosion durch Dickenzuschläge berücksichtigt werden, wenn sie auf den Korrosionabtrag und die Nutzungsdauer abgestimmt sind.

Anmerkung: Maßnahmen gegen Korrosion können sein:

- Beschichtungen und/oder Überzüge nach Normen der Reihe DIN 55 928
- Kathodischer Korrosionsschutz
- Wahl geeigneter nichtrostender Werkstoffe (nicht geeignet sind diese z. B. in chlorhaltiger und chlorwasserstoffhaltiger Atmosphäre, vergleiche hierzu z. B. die allgemeinen bauaufsichtlichen Zulassungen für nichtrostende Stähle)
- Umhüllung mit geeigneten Baustoffen

Besondere Maßnahmen gegen Korrosion können erforderlich sein z. B.

- bei hochfesten Zuggliedern,
- in Fugen und Spalten,
- an Berührungsflächen mit anderen Baustoffen,
- an Berührungsflächen mit dem Erdreich und
- an Stellen möglicher Kontaktkorrosion.

(770) Korrosionsschutzgerechte Konstruktion
Die Konstruktion soll so ausgebildet werden, dass Korrosionsschäden weitgehend vermieden, frühzeitig erkannt und Erhaltungsmaßnahmen während der Nutzungsdauer einfach durchgeführt werden können.

Anmerkung: Grundregeln zur korrosionsschutzgerechten Gestaltung sind in DIN 55 928 Teil 2 enthalten.

Auszüge aus DIN 18 800, Teil 1 Stahlbauten, Bemessung und Konstruktion   123

(771) Unzugängliche Bauteile
Sind Bauteile zur Kontrolle und Wartung nicht mehr zugänglich und kann ihre Korrosion zu unangekündigtem Versagen mit erheblichen Gefährdungen oder erheblichen wirtschaftlichen Auswirkungen führen, müssen die Maßnahmen gegen Korrosion so getroffen werden, dass keine Instandhaltungsarbeiten während der Nutzungsdauer nötig sind. In diesem Fall ist das Korrosionschutzsystem Bestandteil des Tragsicherheitsnachweises.

Anmerkung 1: Beispiele solcher Bauteile sind Haltekonstruktionen hinterlüfteter Fassaden, verkleidete Stahlbauteile, Verankerungen und Ähnliches.

Anmerkung 2: Sichtbares Auftreten von Korrosionsprodukten kann im allgemeinen als Ankündigung der Möglichkeit eines Versagens gewertet werden.

Anmerkung 3: Nach Bauteil und Nutzungsdauer unterschiedliche Maßnahmen gegen Korrosion werden in den entsprechenden Fachnormen oder bauaufsichtlichen Zulassungen geregelt.

(772) Kontaktkorrosion
Zur Vermeidung von Kontaktkorrosion an Berührungsflächen von Stahlteilen mit Bauteilen aus anderen Metallen ist DIN 55 928 Teil 2 zu beachten.

(773) Hochfeste Zugglieder
Der Korrosionsschutz aus Verfüllung und Beschichtung muss der Konstruktionsart und den Einsatzbedingungen der hochfesten Zugglieder angepasst sein. Bei der konstruktiven Ausbildung von Klemmen, Schellen und Verankerungen sind Schutzmaßnahmen für die Zugglieder zu berücksichtigen.

(774) Überwachung des Korrosionsschutzes
Wird eine besondere Überwachung des Korrosionsschutzes während der Nutzungsdauer des Bauwerkes vorgesehen, so sind in den Entwurfsunterlagen die Zeitabstände und die zu überprüfenden Bauteile festzulegen.

8 Beanspruchungen und Beanspruchbarkeiten der Verbindungen

8.1 Allgemeine Regeln

(801) Die Beanspruchung der Verbindungen eines Querschnittsteiles soll aus den Schnittgrößenanteilen dieses Querschnittsteiles bestimmt werden.

Es ist zu beachten, dass in Schraubenverbindungen Abstützkräfte entstehen können und dadurch die Beanspruchungen in der Verbindung beeinflusst werden.

In doppeltsymmetrischen I-förmigen Biegeträgern mit Schnittgrößen N, M_y und V_z dürfen die Verbindungen vereinfacht mit folgenden Schnittgrößenanteilen nachgewiesen werden.

Zugflansch: $N_Z = N/2 + M_y/h_F$ (44)
Druckflansch: $N_D = N/2 - M_y/h_F$ (45)
Steg: $V_{St} = V_z,$ (46)

124 *Auszüge aus DIN 18 800, Teil 1 Stahlbauten, Bemessung und Konstruktion*

wobei h_F der Schwerpunktabstand der Flansche ist. Vorausgesetzt ist, dass in den Flanschen die Beanspruchungen N_Z und N_D nicht größer als die Beanspruchbarkeiten nach Abschnitt 7 sind.

Anmerkung 1: Die Regel des ersten Absatzes folgt aus Abschnitt 5.2.1, Element 504, zweiter Absatz.

Anmerkung 2: Ein Beispiel für die Beeinflussung der Beanspruchungen einer Verbindung ist der T-Stoß von Zugstäben: Abhängig von den Abmessungen der Schrauben und der Stirnplatte können im Bereich der Stirnplattenkante Abstützkräfte K entstehen. Die Abstützkräfte K und die Zugkraft F stehen mit den Schraubenzugkräften im Gleichgewicht, siehe z. B. [4].

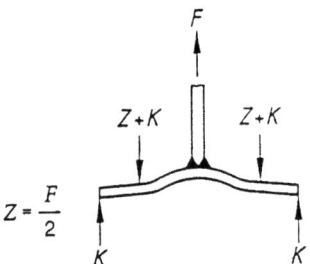

Bild 21. T-Stoß.

8.2 Verbindungen mit Schrauben oder Nieten

8.3 Augenstäbe und Bolzen

8.4 Verbindungen mit Schweißnähten

8.4.1 Verbindungen mit Lichtbogenschweißen

8.4.1.1 *Maße und Querschnittswerte*

(819) Rechnerische Schweißnahtdicke a
Die rechnerische Schweißnahtdicke a für verschiedene Nahtarten ist Tabelle 19 zu entnehmen. Andere als die dort aufgeführten Nahtarten sind sinngemäß einzuordnen.

(820) Rechnerische Schweißnahtlänge l
Die rechnerische Schweißnahtlänge l einer Naht ist ihre geometrische Länge. Für Kehlnähte ist sie die Länge der Wurzellinie. Kehlnähte dürfen beim Nachweis nur berücksichtigt werden, wenn $l \geq 6{,}0\ a$, mindestens jedoch 30 mm, ist.

Anmerkung: Größte Nahtlänge siehe Element 823.

(821) Rechnerische Schweißnahtfläche A_W
Die rechnerische Schweißnahtfläche A_W ist

$$A_W = \sum \alpha \cdot l \tag{70}$$

Auszüge aus DIN 18 800, Teil 1 Stahlbauten, Bemessung und Konstruktion   125

Beim Nachweis sind nur die Flächen derjenigen Schweißnähte anzusetzen, die aufgrund ihrer Lage vorzugsweise imstande sind, die vorhandenen Schnittgrößen in der Verbindung zu übertragen.

(822) **Rechnerische Schweißnahtlage**
Für Kehlnähte ist die Schweißnahtfläche konzentriert in der Wurzellinie anzunehmen.

(823) **Unmittelbarer Stabanschluss**
In unmittelbaren Laschen- und Stabanschlüssen darf als rechnerische Schweißnahtlänge l der einzelnen Flankenkehlnähte maximal 150 a angesetzt werden.

Wenn die rechnerische Schweißnahtlänge nach Tabelle 20 bestimmt wird, dürfen die Momente aus den Außermittigkeiten des Schweißnahtschwerpunktes zur Stabachse unberücksichtigt bleiben. Das gilt auch dann, wenn andere als Winkelprofile angeschlossen werden.

Anmerkung 1: Mindestnahtlänge siehe Element 820.

Anmerkung 2: Bei kontinuierlicher Krafteinleitung über die Schweißnaht ist eine obere Begrenzung nicht erforderlich.

(824) **Mittelbarer Anschluss**
Bei zusammengesetzten Querschnitten ist auch die Schweißverbindung zwischen mittelbar und unmittelbar angeschlossenen Querschnittsteilen nachzuweisen.

Wenn Teile von Querschnitten im Anschlussbereich von Stäben zur Aufnahme von Schnittgrößen nicht erforderlich sind, brauchen deren Anschlüsse in der Regel nicht nachgewiesen zu werden.

Anmerkung: Ein Beispiel für eine Schweißverbindung zwischen dem unmittelbar (Flansch) und dem mittelbar angeschlossenen Querschnittsteil (Steg) ist in Bild 28 dargestellt. Diese Schweißverbindung wird in diesem Fall mittelbarer Anschluss genannt.

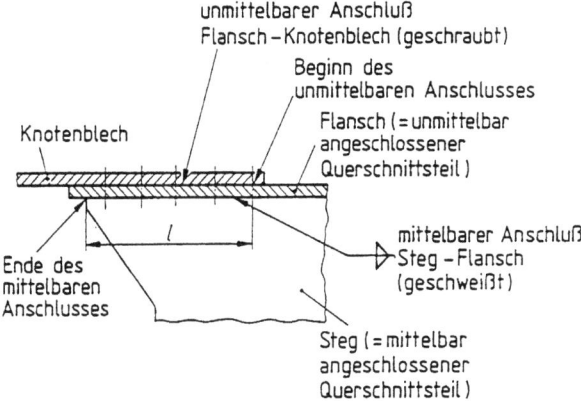

Bild 28. Mittelbarer Anschluss bei zusammengesetzten Querschnitten.

126 *Auszüge aus DIN 18 800, Teil 1 Stahlbauten, Bemessung und Konstruktion*

Als rechnerische Nahtlänge des mittelbaren Anschlusses gilt die Nahtlänge l vom Beginn des unmittelbaren Anschlusses bis zum Ende des mittelbaren Anschlusses.

8.4.1.2 *Schweißnahtspannungen*

(825) Nachweis für Stumpf- und Kehlnähte
Für Schweißnähte nach Tabelle 19 ist mit Bedingung (71) nachzuweisen, dass der Vergleichswert $\sigma_{w,v}$ der vorhandenen Schweißnahtspannungen nach Bild 29 die Grenzschweißnahtspannung $\sigma_{w,R,d}$ nicht überschreitet.

$$\frac{\sigma_{w,v}}{\sigma_{w,R,d}} \leq 1 \tag{71}$$

mit $\quad \sigma_{w,v} = \sqrt{\sigma_\perp^2 + \tau_\perp^2 + \tau_\parallel^2} \tag{72}$

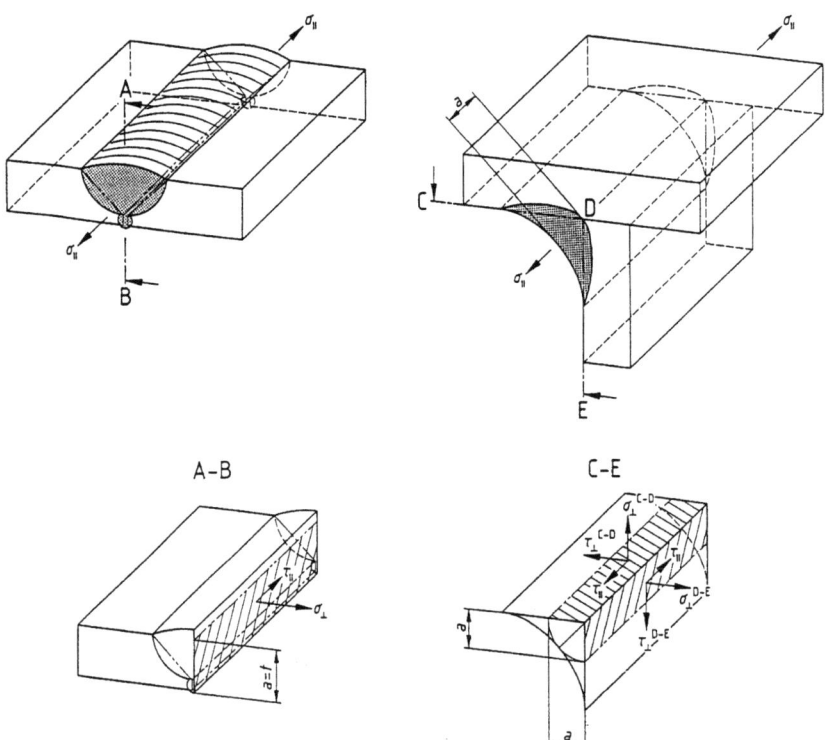

a) Stumpfnaht

Bild 29a. Schweißnahtspannungen in Stumpfnähten.

b) Kehlnaht

Bild 29b. Schweißnahtspannungen in Kehlnähten.

Tabelle 19. Rechnerische Schweißnahtdicken a.

	1		2	3
	Nahtart[1])		Bild	Rechnerische Nahtdicke a
1	Durch- oder gegenge- schweißte Nähte	Stumpfnaht		$a = t_1$
2		D(oppel)HV-Naht (K-Naht		$a = t_1$
3		HV-Naht	Kapplage gegenge- schweißt	
4			Wurzel durchge- schweißte	
5	Nicht durchge- schweißte Nähte	HY-Naht mit Kehl- naht[2])		Die Nahtdicke a ist gleich dem Abstand vom theo- retischen Wurzelpunkt zur Nahtoberfläche
6		HY-Naht[2])		
7		D(oppel)HY-Naht mit Doppel- kehlnaht[2])		

Tabelle 19 (Fortsetzung)

		1		2	3
		Nahtart[1])		Bild	Rechnerische Nahtdicke a
8	Nicht durchgeschweißte Nähte	D(oppel)HY-Naht[2])			Die Nahtdicke a ist gleich dem Abstand vom theoretischen Wurzelpunkt zur Nahtoberfläche
9		Doppel I-Naht ohne Nahtvorbereitung (Vollmech. Naht)			Nahtdicke a mit Verfahrensprüfung festlegen Spalt b ist verfahrensabhängig UP-Schweißung: $b = 0$
10	Kehlnähte	Kehlnaht			Nahtdicke ist gleich der bis zum theoretischen Wurzelpunkt gemessenen Höhe des einschreibbaren gleichschenkligen Dreiecks
11		Doppelkehlnaht			
12		Kehlnaht	mit tiefem Einbrand		$a = \bar{a} + e$ $\bar{a}$: entspricht Nahtdicke a nach Zeile 10 und 11 e: mit Verfahrensprüfung festlegen (siehe DIN 18 800 Teil 7/05.83, Abschnitt 3.4.3.2. a)
13		Doppelkehlnaht			

Auszüge aus DIN 18800, Teil 1 Stahlbauten, Bemessung und Konstruktion

Tabelle 19 (Fortsetzung)

	1	2	3		
	Nahtart[1])	Bild	Rechnerische Nahtdicke a		
14	Dreiblechnaht Steilflankennaht		Kraft- über- tra- gung	Von A nach B	$a = t_2$ für $t_2 < t_3$
15				Von C nach A und B	$a = b$

[1]) Ausführung nach DIN 18 800 Teil 7/05.83, Abschnitt 3.4.3.
[2]) Bei Nähten nach Zeilen 5 bis 8 mit einem Öffnungswinkel < 45° ist das rechnerische a-Maß um 2 mm zu vermindern oder durch eine Verfahrensprüfung festzulegen. Ausgenommen hiervon sind Nähte, die in Position w (Wannenposition) und h (Horizontalposition) mit Schutzgasschweißung ausgeführt werden.

Tabelle 20. Rechnerische Schweißnahtlängen $\sum l$ bei unmittelbaren Stabanschlüssen.

	1	2	3
	Nahtart	Bild	Rechnerische Nahtlänge $\sum l$
1	Flankenkehlnähte		$\sum l = 2\, l_1$
2	Stirn- und Flankenkehlnähte		$\sum l = b + 2\, l_1$

Tabelle 20 (Fortsetzung)

1		2	3
	Nahtart	Bild	Rechnerische Nahtlänge $\sum l$
3	Ringsumlaufende Kehlnaht – Schwerachse näher zur längeren Naht		$\sum l = l_1 + l_2 + 2b$
4	Ringsumlaufende Kehlnaht – Schwerachse näher zur kürzeren Naht		$\sum l = 2 l_1 + 2b$
5	Kehlnaht oder HV-Naht bei geschlitztem Winkelprofil		$\sum l = 2 l_1$

und $\sigma_{w,R,d}$ nach Abschnitt 8.4.1.3, Elemente 829 und 830. Die Schweißnahtspannung $\sigma_\parallel$ in Richtung der Schweißnaht braucht nicht berücksichtigt zu werden.

(826) Schweißnahtschubspannungen bei Biegeträgern
Die Schweißnahtschubspannung $\tau_\parallel$ in Längsnähten von Biegeträgern ist nach Gleichung (73) zu berechnen.

$$\tau_\parallel = \frac{V \cdot S}{I \cdot \sum a} \tag{73}$$

Bei unterbrochenen Nähten nach Bild 30 ist sie mit dem Faktor $(e + l)/l$ zu erhöhen.

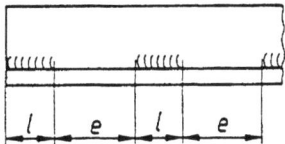 Bild 30. Zur Berechnung von Schweißnahtschubspannungen $\tau_\parallel$ in unterbrochenen Längsnähten.

Anmerkung: Regelungen für unterbrochene Nähte zur Verbindung gedrückter Bauteile enthalten DIN 18 800 Teil 2 und Teil 3.

(827) **Exzentrisch beanspruchte Nähte**
Bei exzentrisch beanspruchten Nähten ist die Exzentrizität rechnerisch zu berücksichtigen, wenn die angeschlossenen Teile ungestützt sind.

(828) **Nichttragende Schweißnähte**
Nähte, die – z. B. wegen erschwerter Zugänglichkeit – nicht einwandfrei ausgeführt werden können, dürfen bei der Berechnung nicht berücksichtigt werden.

8.4.1.3 Grenzschweißnahtspannungen

(829) $\sigma_{w,R,d}$ **für alle Nähte**
Die Grenzschweißnahtspannung $\sigma_{w,R,d}$ ist mit $f_{y,k}$ nach Tabelle 1, Zeile 1, 3 oder 5 und α_w nach Tabelle 21 mit Gleichung (74) zu ermitteln.

$$\sigma_{w,R,d} = \alpha_w \cdot f_{y,k}/\gamma_M \tag{74}$$

Für Schweißnähte in Bauteilen mit Erzeugnisdicken über 40 mm gilt hier jeweils als charakteristischer Wert der Streckgrenze $f_{y,k}$ der Wert für Erzeugnisdicken bis 40 mm.

(830) **Stumpfstöße von Formstählen**
Für Stumpfstöße von Formstählen aus St 37-2 und USt 37-2 mit einer Erzeugnisdicke $t > 16$ mm ist bei Zugbeanspruchung die Grenzschweißnahtspannung nach Gleichung (75) zu ermitteln.

$$\sigma_{w,R,d} = 0{,}55 \cdot f_{y,k}/\gamma_M \tag{75}$$

8.4.1.4 Sonderregelungen für Tragsicherheitsnachweise nach den Verfahren Elastisch-Plastisch und Plastisch-Plastisch

(831) **Nicht erlaubte Schweißnähte**
Werden die Schnittgrößen nach dem Nachweisverfahren Elastisch-Plastisch mit Umlagerung von Momenten nach Abschnitt 7.5.3, Element 754, oder dem Nachweisverfahren Plastisch-Plastisch ermittelt, so dürfen die Schweißnähte nach Tabelle 19, Zeilen 5, 6, 10, 12 und 15, in Bereichen von Fließgelenken nicht verwendet werden, wenn sie durch Spannungen $\sigma_\perp$ oder $\tau_\perp$ beansprucht werden. Dies gilt auch für Nähte nach Zeile 4, wenn diese Nähte nicht prüfbar sind, es sei denn, dass durch eine entsprechende Überhöhung (Kehlnaht) das mögliche Defizit ausgeglichen ist.

(832) **Schweißnähte mit Nachweis der Nahtgüte**
Werden die Schnittgrößen nach dem Nachweisverfahren Elastisch-Plastisch mit Umlagerung von Momenten nach Abschnitt 7.5.3, Element 754, oder dem Nachweisverfahren

Tabelle 21. α_w-Werte für Grenzschweißnahtspannungen

	1	2	3	4	5
	Nähte nach Tabelle 19	Nahtgüte	Beanspruchungsart	St 37-2 USt 37-2, RSt 37-2	St 52-3 StE 355, WStE 355 TStE 355, EStE 355
1	Zeile 1–4	alle Nahtgüten	Druck	1,0 [1]	1,0 [1]
2		Nahtgüte nachgewiesen	Zug		
3		Nahtgüte nicht nachgewiesen		0,95	0,80
4	Zeile 5 4M 15	alle Nahtgüten	Druck, Zug		
5	Zeile 1–15		Schub		

[1] Diese Nähte brauchen im Allgemeinen rechnerisch nicht nachgewiesen zu werden, da der Bauteilwiderstand maßgebend ist.

Plastisch-Plastisch ermittelt, so darf bei Schweißnähten nach Tabelle 19, Zeilen 1 bis 4, der Tragsicherheitsnachweis nach Abschnitt 7.5.4, Element 759, entfallen, sofern bei Zugbeanspruchung die Nahtgüte nachgewiesen wird.

(833) Anschluss oder Querstoß von Walzträgern mit I-Querschnitt und I-Trägern mit ähnlichen Abmessungen
Der Anschluss oder Querstoß eines Walzträgers mit I-Querschnitt oder eines I-Trägers mit ähnlichen Abmessungen darf ohne weiteren Tragsicherheitsnachweis nach Bild 31 und Tabelle 22 ausgeführt werden.

Tabelle 22. Nahtdicken beim Anschluss nach Bild 31

Werkstoff	Nahtdicken
St 37	$a_F \geq 0{,}5\, t_F$
	$a_S \geq 0{,}5\, t_S$
St 52 StE 355	$a_F \geq 0{,}7\, t_F$
	$a_S \geq 0{,}7\, t_S$

Auszüge aus DIN 18 800, Teil 1 Stahlbauten, Bemessung und Konstruktion   133

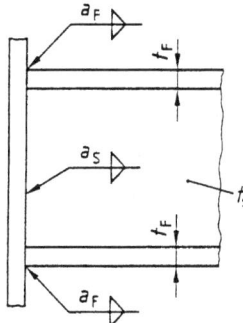

Bild 31. Trägeranschluss oder -querstoß ohne weiteren Tragsicherheitsnachweis.

Für die Stahlauswahl ist Abschnitt 4.1, Element 403, zu beachten.

Anmerkung 1: Diese Regelung gilt für alle Nachweisverfahren nach Tabelle 11.

Anmerkung 2: Walzträger sind hier warmgewalzte Träger mit I-Querschnitt nach den Normen der Reihe DIN 1025; I-Träger mit ähnlichen Abmessungen sind geschweißte Träger, die in ihrer Form und in ihren Abmessungen nur unwesentlich von den Walzträgern nach den Normen der Reihe DIN 1025 abweichen.

8.4.2 Andere Schweißverfahren

(834) Widerstandsabbrennstumpfschweißen, Reibschweißen
Bei Anwendung des Widerstandsabbrennstumpfschweißens oder des Reibschweißens ist ein Gutachten einer anerkannten Stelle[1]) vorzulegen. Darin ist die Beanspruchbarkeit der Schweißverbindung anzugeben.

(835) Bolzenschweißen
Für Kopf- und Gewindebolzen, die durch Stumpfschweißen mit Stahlbauteilen verbunden sind, gelten die Grenzspannungen nach den Gleichungen (76) und (77) sowohl für die Schweißnaht als auch für den Bolzen.

$$\sigma_{b,R,d} = f_{y,b,k}/\gamma_M \tag{76}$$

$$\tau_{b,R,d} = 0{,}7 f_{y,b,k}/\gamma_M \tag{77}$$

mit $f_{y,b,k}$ nach Tabelle 4.

Die Bezugsfläche ist bei Kopfbolzen der Schaftquerschnitt und bei Gewindebolzen der Spannungsquerschnitt.

8.5 Zusammenwirken verschiedener Verbindungsmittel

(836) Werden verschiedene Verbindungsmittel in einem Anschluß oder Stoß verwendet, ist auf die Verträglichkeit der Formänderungen zu achten.

---
[1]) Anerkannte Stellen siehe z. B. Mitteilungen des Instituts für Bautechnik, 1987, Heft 1, Seite 19.

134 *Auszüge aus DIN 18 800, Teil 1 Stahlbauten, Bemessung und Konstruktion*

Gemeinsame Kraftübertragung darf angenommen werden bei
- Nieten und Passschrauben oder
- GVP-Verbindungen und Schweißnähten oder
- Schweißnähten in einem oder in beiden Gurten und Niete oder Passschrauben in allen übrigen Querschnittsteilen bei vorwiegender Beanspruchung durch Biegemomente M_y

Die Grenzschnittgrößen ergeben sich in diesen Fällen durch Addition der Grenzschnittgrößen der einzelnen Verbindungsmittel.

SL- und SLV-Verbindungen dürfen nicht mit SLP-, SLVP-, GVP- und Schweißnahtverbindungen zur gemeinsamen Kraftübertragung herangezogen werden.

8.6 Druckübertragung durch Kontakt

(837) Druckkräfte normal zur Kontaktfuge dürfen vollständig durch Kontakt übertragen werden, wenn seitliches Ausweichen der Bauteile am Kontaktstoß ausgeschlossen ist.

Die Grenzdruckspannungen in der Kontaktfuge sind gleich denen des Werkstoffes der gestoßenen Bauteile.

Beim Nachweis der zu stoßenden Bauteile müssen Verformungen, Toleranzen und eventuelles Bilden einer klaffenden Fuge berücksichtigt werden.

Die ausreichende Sicherung der gegenseitigen Lage der Bauteile ist nachzuweisen. Dabei dürfen Reibungskräfte nicht berücksichtigt werden.

Anmerkung 1: Verformungen können hierbei Vorverformungen, elastische Verformungen und lokale plastische Verformungen sein.

Anmerkung 2: Toleranzen können einen Versatz in der Schwerlinie von Querschnittsteilen bewirken.

Anmerkung 3: Hinweise können der Literatur entnommen werden, z.B. [2] und [3].

9 Beanspruchbarkeit hochfester Zugglieder beim Nachweis der Tragsicherheit

Sonderregelung für die Stahlsorte St 52-3

A1 – Für Erzeugnisse aus Stahlsorte St 52-3 sind bei Einhaltung der Festlegungen in DIN 17100/01.80, Abschnitt 8.3.1, für die Elemente C, Si, Mn, P, S, Al, B, Cr, Cu, Mo, Ni, Nb, Ti und V die Gehalte der chemischen Zusammensetzung nach der Schmelzanalyse zu prüfen und bekannt zugeben (siehe Element 404). An Stelle der Angabe der tatsächlichen Gehalte der Elemente Nb, Ti und V genügen auch Prüfung und Bestätigung, dass in der Schmelzenanalyse folgende Höchstwerte eingehalten werden:

Nb: 0,02%
Ti: 0,02%
V: 0,03%.

Stähle in den Grenzen der chemischen Zusammensetzung und in Übereinstimmung mit allen weiteren Festlegungen für die Stahlsorte St 52-3 nach DIN 17 100 mit Höchstgehalten an Niob von 0,05 %, an Titan von 0,05 % und an Vanadin von 0,10 % dürfen verwendet werden, wenn der Kohlenstoffgehalt für Nenndicken bis 30 mm 0,18 % nicht überschreitet. Die Begrenzung des Kohlenstoffgehaltes gilt, wenn auch nur eines der genannten Elemente den unteren Grenzwert überschreitet.

Bei geschweißten Bauteilen müssen für Erzeugnisse aus der Stahlsorte St 52-3 im Abnahmeprüfzeugnis Angaben zu den oben aufgeführten Elementen enthalten sein.

Anmerkung: DIN 17 100 wird überarbeitet und künftig diese Regelung für den St 52-3 ersetzen.

Fertigungsbeschichtungen

A8 – Beim Überschweißen von Fertigungsbeschichtungen ist die DASt-Richtlinie 006 – „Überschweißen von Fertigungsbeschichtungen (FB) im Stahlbau" zu beachten.

Anmerkung: Element A8 soll in DIN 18 800 Teil 7 übernommen werden; erst wenn es dort enthalten ist, kann es hier entfallen.

Schrifttum

[1] Dieter Cristianus: Erprobung von höherfesten Stahlgußverbund-Rohrknoten in bauteilähnlichem Maßstab zum Einsatz in Offshore-Bauwerken. konstruieren + gießen 23 (1998) Nr. 2, S. 4–13

[2] DIN 18 800. Beuth Verlag GmbH Berlin, November 1990

Sachverzeichnis

A
Anschlußquerschnitt 68
Aufhärtung 17

B
Bauteilverzug 3
Beanspruchbarkeiten 19, 59 f.
Beanspruchungen 19, 59 ff.
Beanspruchungskollektiv 25 f.
Beanspruchungsgruppen 70
Belastung, dynamische 22, 68
Belastung, statische 20 f.
Belastungen 20
Belastungszustand 38
Betriebsfestigkeit 30
Betriebsfestigkeitsnachweis 25, 60, 69
Beulen 47, 69
Biegemoment 64

D
Dauerbruch 8, 42, 49, 52 f.
Dauerfestigkeit 7, 24, 29, 52 f.
Dauerfestigkeitsschaubilder 24 f.
Dauerschwingfestigkeit 24
Durchsetzfügen 4

E
Eigenspannung 3, 7
Einstufenbelastung 22
Eurocode 58
Festigkeit 16, 22
Festigkeitshypothese 39
Flächenträgheitsmoment 65
Fließgrenze 68
Fügen 1

G
Gebrauchstauglichkeit 21, 58 f.
Gestaltänderungshypothese 42 ff.
Gewaltbruch 49

Gleitbruch 41
Grenzschweißnahtspannung 61, 67
Grenzspannungsverhältnis 70
Grobkornbildung 18

K
Kehlnaht 30 f., 33, 61 ff.
Kerbfälle 70
Kerbwirkung 8, 15, 52
Kippen 47, 69
Kleben 1 f.
Knicken 45 ff., 60, 69
Korrosion 16, 53 ff., 59
Korrosion, interkristalline 55
Kraftfluss 6, 8 f., 11, 13, 15
Kriechen 49
Kurzzeitfestigkeit 24

L
Lagesicherheit 59
Längsnaht 7
Lastangriffspunkt 12 f.
Lastannahmen 68
Lastfälle 68
Last-Zeit-Funktion 22
Lebensdauerlinien 27 f., 30
Löten 1 f.

M
Mehrstufenbelastung 22
Mohrscher Spannungskreis 38

N
Nachbearbeitung 22
Nachbehandlung 5, 15, 32
Nahtanordnung 20 ff.
Nahtausführbarkeit 32 f.
Nahtdicke 11, 13, 31
Nahtform 20 ff., 67
Nahtqualität 20 ff.

Nahtvorbereitung 5, 32 f.
Nahtzugänglichkeit 32 f.
Nieten 2
Normalspannung 39, 41, 64
Normalspannungshypothese 39, 43

P
Poren 17
Profil 5

R
Rastlinien 53
Rissbildung 7, 16 f.

S
Scherbruch 49
Scherkräfte 19
Schnittgrößen 19
Schrumpfung 7
Schubspannung 40 f., 62, 64, 67
Schubspannungshypothese 40 f., 43
Schweißbarkeit 13, 16
Schweißeigenspannung 35 f.
Schweißeignung 14, 16
Schweißen 1 f.
Schweißfolgeplan 36
Schweißmöglichkeit 15
Schweißnahtdicke, rechnerische 63
Schweißnähte 5 ff., 13, 15, 30, 32
Schweißnahtfläche 63
Schweißnahtlänge, rechnerische 63
Schweißnahtspannung 61, 64
Schweißplan 12, 13, 35
Schweißsicherheit 14 f.
Seigerungen 18
Spaltkorrosion 2, 55
Spannungen 19
Spannungen, zulässige 70
Spannungsart 38
Spannungskollektiv 30, 70
Spannungsnachweis, allgemeiner 60, 68 f.
Spannungsrisskorrosion 56

Spannungsspielbereich 70
Spannungsspitzen 8, 52
Spannungs-Zeit-Funktion 22 f., 25 f.
Spannungszustand 38
Spannungszustand, dreiachsig 8
Spannungszustand, einachsig 38, 42
Spannungszustand, mehrachsig 7, 39, 42
Sprödbruch 18, 49
Stabilitätsnachweis 60, 68 f.
Standsicherheitsnachweis 60, 69
Stillstandskorrosion 56
Streckgrenze 16, 28, 67
Stumpfnaht 11, 33, 61, 63

T
Teilsicherheitsbeiwert 61, 67
Terrassenbruch 51
Torsion 67
Tragfähigkeit 20 ff., 58
Tragsicherheit 21, 59, 67
Tragsicherheitsnachweis 60
Trennbruch 39, 49

V
Verbindung, formschlüssige 2
Verbindung, kraftschlüssige 2
Verbindung, stoffschlüssige 1 f.
Vergleichsspannung 40 ff.

W
Werkstoffkennwerte 20
Widerstandsgrößen 61
Wöhlerkurve 24, 29 f.

Z
Zeitfestigkeit 24
Zeitfestigkeitslinie 29
Zeitstandbruch 49
Zeitstandfestigkeit 16
Zugbeanspruchung 67
Zugfestigkeit 16, 28
Zugspannung 7
Zugversuch 21, 67

MIX
Papier aus verantwortungsvollen Quellen
Paper from responsible sources
FSC® C105338

If you have any concerns about our products,
you can contact us on
ProductSafety@springernature.com

In case Publisher is established outside the EU,
the EU authorized representative is:
**Springer Nature Customer Service Center GmbH
Europaplatz 3, 69115 Heidelberg, Germany**

Printed by Libri Plureos GmbH
in Hamburg, Germany